新型电力系统国际标准系列教材

电工国际标准概论

舒印彪 范建斌 胡浩 编著

武汉大学出版社
WUHAN UNIVERSITY PRESS

图书在版编目(CIP)数据

电工国际标准概论/舒印彪,范建斌,胡浩编著. -- 武汉：武汉大学出版社，2025.4. -- 新型电力系统国际标准系列教材. -- ISBN 978-7-307-24597-6

Ⅰ.TM-65

中国国家版本馆CIP数据核字第202494CY66号

责任编辑：鲍　玲　　责任校对：汪欣怡　　版式设计：马　佳

出版发行：武汉大学出版社　（430072　武昌　珞珈山）

（电子邮箱：cbs22@whu.edu.cn　网址：www.wdp.com.cn）

印刷：湖北恒泰印务有限公司

开本：787×1092　1/16　印张：11.5　字数：212千字　插页：1

版次：2025年4月第1版　　2025年4月第1次印刷

ISBN 978-7-307-24597-6　　定价：55.00元

版权所有,不得翻印；凡购买我社的图书,如有质量问题,请与当地图书销售部门联系调换。

序 一

Foreword

By Philippe Metzger, Secretary-General & CEO, International Electrotechnical Commission

As Secretary-General of the IEC, I had the honour of working closely with Dr. Shu Yinbiao during his three-year term as President. Dr. Shu provided leadership to the IEC community during the difficult period of the worldwide COVID-19 pandemic. I am thankful for the vital role he has played in promoting social inclusion and in helping to ensure that the IEC was fit for the future.

Dr. Shu's passionate belief in the power of international standards and conformity assessment to effect meaningful change was instrumental in garnering the support to create the IEC Global Impact Fund. Dr. Shu was able to see the impact we could make by leveraging the work of the IEC to support projects that address social, economic and environmental challenges.

As IEC President, Dr. Shu understood that not all the challenges we face today are purely technical. He knew that it was vital for us in terms of our future relevance to help find answers to the many social challenges and ethical dilemmas raised by artificial intelligence and other technologies. With Dr. Shu's support, the IEC began to promote the business case for embracing the UN Sustainable Development Goals, which can act as a catalyst for innovation, for opening up new and emerging markets, as well as for creating new opportunities for investment. It fits squarely with the IEC ambition to help create an allelectric and connected society, where everyone has access to affordable, clean and sustainable energy.

In delivering on this vision, Dr. Shu has acted as an advocate not just for the role that IEC Standards and Conformity Assessment play in the safe and efficient use of renewable energy, but also as a champion for the social power of electricity more broadly. He has shown, through his work within the IEC community, how electricity is the central component of our modern world, bringing economic development, and serving as a gateway for education, well-being, and connectivity.

He has shown how we must, and indeed can, pave the way for an all-electric future.

Dr. Shu's understanding of the pivotal role that IEC Standards can play in global economic and social development is reflected in this impressive book. Together with his co-author Dr. Fan Jianbin, Dr. Shu shows how our standards and conformity assessment provide a common framework—unified rules, precise guidelines and defined attributes—that streamline activities and ensure consistency across industries and borders.

An Introduction to International Electrotechnical Standards shines a spotlight on the active participation of Chinese experts in international standardization and conformity assessment. It serves as both a reflection on the progress of electrical engineering and a guide to the challenges that lie ahead. This new book highlights the critical role of international standards in advancing global trade and technological progress, while tracing the evolution of standardization in the electrical sector. It is an essential read for anyone interested in finding out more about the role that global consensus-based standards and conformity assessment can play in creating a greener and more equitable world for future generations.

I hope many will be inspired to join us and become part of the IEC community as a result of this book, and help us in shaping a safer, more efficient future for everyone.

序一（中文）

在舒印彪博士担任国际电工委员会(IEC)主席的三年任期内，我有幸以 IEC 秘书长的身份与他密切合作。在全球新冠疫情肆虐的艰难时期，舒印彪博士在 IEC 展现出卓越的领导才能。我衷心感谢他在推动社会包容性方面所作出的重要贡献，并且也感谢他在确保 IEC 迎接未来挑战方面所起到的关键作用。

舒博士坚信国际标准与合格评定会带来有意义的变革，这种信念成为获取支持、推动 IEC 全球影响力基金成立的核心动力。舒博士洞悉通过支持，解决社会、经济及环境挑战的项目，IEC 工作能够产生深远的影响。

作为 IEC 主席，舒博士深知当前我们所面临的挑战并非仅限于技术层面。他认识到，在应对人工智能及其他技术引发的众多社会挑战和伦理困境方面，寻找解决方案对于保持我们的相关性至关重要。在舒博士的倡导下，IEC 着手推进与联合国可持续发展目标相结合的商业案例，此举旨在激发创新，开拓新市场及新兴市场，并催生新的投资机遇。这与国际电工委员会的愿景高度一致，即助力构建一个全电化和互联的社会，确保每个人都能享受到经济实惠、清洁、可持续的能源。

在实现这一愿景的过程中，舒博士不仅提倡国际电工委员会标准及合格评定在确保安全及高效利用可再生能源方面的重要性，同时也成为了广泛意义上电力社会影响力的倡导者。他通过在国际电工委员会中的工作，彰显了电力如何作为现代世界的核心组成部分，推动经济发展，并成为教育、福祉以及社会互联的门户。

他向大家充分展示了我们必须并且确实可以为全电化的未来铺平道路。

在这本著作中，舒博士对 IEC 标准在全球经济和社会发展中的关键作用进行了深入阐释，并与合著者范建斌博士一起详细阐述了标准化和合格评定工作如何提供了一个统一的框架，包括统一的规则、精确的指导原则以及明确的属性，这些都有助于简化相关活动，并确保了跨行业及跨国界之间的一致性。

《电工国际标准概论》这本书凸显了中国专家在国际标准化及合格评定领域的积极

参与。该著作不仅是对电气工程领域发展的回顾，亦是面向未来挑战的指导性文献。该书强调了国际标准在促进全球贸易与技术进步中的核心作用，并追溯了电气行业标准化的发展历程。对于读者而言，若想要更多地了解基于共识的全球标准及合格评定如何发挥作用，构建一个面向未来的更绿色、更公平的世界，这本书是必读之作。

我希望许多人会因为这本书而受到启发，从而加入我们，加入国际电工委员会的大家庭，并帮助我们塑造一个全民受益的更安全、更高效的未来。

IEC 秘书长兼首席执行官　菲利普·梅茨格

序 二

在这个电子和信息通信技术飞速发展，市场充满挑战与机遇的时代，电工领域正经历着前所未有的变革。从 1986 年进入国际电信联盟（ITU）工作，于 1999 年至 2006 年担任国际电信联盟标准化局局长，2007 年至 2014 年担任国际电信联盟副秘书长，2015 年至 2022 年担任国际电信联盟秘书长，我在长达 36 年的工作生涯中一直与国际电工委员会（IEC）合作，深知电工技术在全球范围内的重要性，以及国际标准在推动技术发展和应用中的核心作用。

在我的职业生涯中，我有幸见证了国际标准在如何推动全球通信技术的发展进步，使得不同国家和地区的工程师能够使用共同的专业语言进行交流和合作，促进了技术的创新和应用。在舒印彪院士担任国际电工委员会（IEC）主席和参与该组织领导班子工作期间，我也非常荣幸能够代表国际电信联盟（ITU）与国际电工委员会（IEC）舒印彪主席以及国际标准化组织（ISO）主席联名发布"国际标准化日"致辞。

电工国际标准是全球电工行业协同发展的重要力量，需要我们不断地学习和适应。《电工国际标准概论》这本书，作者深入探讨了电工国际标准的制定过程、技术细节以及它们在全球范围内的应用。旨在为读者提供一个全面的视角，了解电工领域的国际标准制定及其背后的科学原理、技术规范和应用实践。

我相信，通过对本书的深入学习，读者将能够更好地把握电工技术的最新发展，以及如何在实际工作中理解和应用这些标准，也能给参与国际标准工作提供有益的启示。

本书可以作为电工行业的学生、工程师和研究人员学习和工作的参考用书。我期待这本书能够激发更多人对电工技术的热情，共同推动电工行业的发展。

最后，我要赞赏和感谢舒印彪院士和所有参与这本书编写的专家，他们在努力完成各自岗位工作的同时，群策群力编撰这本书，为填补电工领域国际标准化工作的空白作出了重要贡献。

国际电信联盟前秘书长、中国通信学会名誉理事长　赵厚麟

序 三

当今世界，科技创新日新月异，质量变革不断演进。标准源于"新"、立于"质"，一头紧连高水平创新，一头紧系高质量发展，标准化改革发展同样在快速推进。当代中国，无论是标准功能定位、作用领域、供给体系的变革，还是科技革命背景下标准表现形态、生成机制、应用场景的变革，对促进"创新"，推进"质优"，加快发展新质生产力，已经并将继续发挥着不可或缺、不可替代的重要作用。标准是工具、方法，也是规则、导向，标准是合作的载体，也是竞争的高地。标准化作为产业、国家战略的重要组成，正在成为越来越多经济体发展的必然选择。认识标准化、学习标准化、运用标准化、实施标准化，已经成为时代进步的重要支撑。

伴随工业革命的进程，电工行业具有发展快、规模大、作用强、影响广、颠覆性技术快速迭代等特点。正是电工行业发展的需求，国际电工委员会(IEC)成为世界上最早的国际标准化组织。自成立118年以来，IEC在电力、电子、通信、信息技术、医疗器械、未来交通和机器人等多个领域，为促进全球范围的技术交流与合作，支撑电工行业发展发挥了极其重要的作用。2023年，中国电工行业总产值达到11.01万亿元，累计增长9.6%，电工产品的应用几乎覆盖了经济社会发展所有领域。近些年来，新能源、新材料，以及人工智能、量子信息、生物数字融合等新兴领域对电工行业发展提出了一系列新需求。对电工行业而言，无论传统产业升级、新兴产业发展，还是未来产业布局，如果"明天"的技术决定"后天"的产业，那么从"今天"起就需要科技研发与标准研制的同步布局。标准化正在开启支撑、引领制造业创新的新进程。

中国工程院院士舒印彪先生是第36届IEC主席，曾担任国家电网有限公司董事长、中国华能集团有限公司董事长，在能源电力发展战略、能源电力国际标准研究等方面造诣深厚。武汉大学新型电力系统与国际标准研究院院长范建斌先生是IEC市场战略局成员，组织发起成立了8个IEC新技术委员会，在电工技术和标准化研究等方面颇有建树。他们合作编著的《电工国际标准概论》，反映了对标准化的深刻理解，具有开阔的国际视野、前瞻性的战略思维，以及建设性的洞察分析。

全书共分为7章，详细阐述了标准定义及其重要性、电工国际标准的历史与发展、IEC研究领域、战略目标和体系架构，介绍了相关国际标准化组织及国际标准化合作，并从战略维度分析了我国电工国际标准化的重要意义和未来展望。本书向读者展示了完整、科学、规范的电工国际标准相关知识体系，具有较强的可读性、研究性、适用性。相信本书的出版，将在促进国家标准体系建设和国际标准化人才培养方面产生积极作用。

国务院原参事、中国标准化专家委员会副主任　张纲

2024年12月10日

前　言

以习近平同志为核心的党中央高度重视标准化工作。2019 年 10 月，习近平总书记在致第 83 届 IEC 大会的贺信中指出，要积极推广应用国际标准，以高标准助力高技术创新，促进高水平开放，引领高质量发展，这为我国标准化工作指明了方向，提供了根本遵循。中共中央、国务院先后印发《国家标准化发展纲要》《质量强国建设纲要》，提出新时代推动高质量发展，必须加快培育以技术、标准、品牌、质量、服务等为核心的经济发展新优势。标准已成为国家基础性制度的重要方面，成为我国塑造经济发展新优势的核心内容。

当前，随着全球科技竞争日益加剧，国际标准已日益成为全球竞争的战略制高点。国际标准作为世界"通用语言"，是全球治理体系和经贸合作发展的重要技术基础，已覆盖全球经济总量 95% 以上的经济体，影响着全球 80% 以上的国际贸易与投资，在推动技术革命、消除技术壁垒、提高生产效率、促进全球化等方面发挥着重要作用。在电工领域，国际标准不仅为产品的设计、生产、安装和测试提供了统一的技术要求和规范，更为推动技术创新和产业升级提供了坚实的基础。欧美等大国纷纷将国际标准上升为国家战略，通过国际标准抢占国际市场战略制高点。因此，立足新发展阶段，我国应紧抓机遇，深度参与国际标准化全球治理，加快完善标准认证协同发展机制，加大标准化人才培养力度，以高标准推动高质量发展和高水平开放，为国际标准体系和治理结构贡献更多中国智慧和中国力量。

舒印彪院士是我国电力行业的领军人物，于 2013 年至 2018 年期间担任 IEC 副主席，于 2019 年至 2024 年期间担任 IEC 第 36 届主席，长期致力于推动电力领域技术创新与国际标准化。为深入落实《国家标准化发展纲要》，进一步提升我国企业标准化意识，树牢标准化理念，培育标准化人才，提升国际标准化工作的参与度和贡献度，助力我国在新一轮国际竞争中掌握主导权和话语权，舒印彪院士主持编写了《电工国际标准概论》，结合多年电工领域国际标准化工作经验，全面系统梳理了电工国际标准的基本概念、历史发展、制定程序以及在中国的发展和建设情况，重点介绍了 IEC 的历史以及近年来的发展情况，并结合大量的实际案例和最新的标准化动态，帮助读者更好地掌握国际标准化知识和理解电工国际标准对科技创新和产业发展的重要意义。

前言

在编写过程中,我们力求内容详实、结构合理、逻辑清晰,注重理论与实践相结合,既强调对基本理论的理解,又注重实操训练。我们希望,通过本书的学习,读者不仅能掌握电工国际标准的基本知识,更能提升自身的专业素养和国际视野,成为高素质的国际标准化人才。

在此,我们要感谢国家标准化管理委员会的指导以及所有为本书的编写付出辛勤劳动的专家、学者,同时也希望本书能为广大读者提供有益的帮助和启示,助力他们在电工领域取得更大的成就。

最后,我们也热切期待读者对本书提出宝贵的意见和建议,以便在今后的修订中不断完善,进一步提升本书的学术价值和应用价值。

编 者

2025 年 1 月

CONTENTS 目 录

第 1 章 概述 / 001

1.1 标准的定义 / 001
 1.1.1 标准的概念 / 001
 1.1.2 标准的分类 / 002
 1.1.3 标准化的概念 / 003
 1.1.4 标准草案 / 003
 1.1.5 标准体系 / 003
1.2 古代中国标准化探索 / 004
1.3 标准：世界的"通用语言" / 008
1.4 标准与科技创新协同共生 / 009
1.5 标准是发达国家战略布局的核心要素 / 011
1.6 标准是中国国家战略的重要组成部分 / 012
 1.6.1 《国家标准化发展纲要》 / 012
 1.6.2 标准服务"一带一路"建设和国际产能合作 / 014

第 2 章 电工国际标准发展历史 / 017

2.1 电工单位的起源 / 017
 2.1.1 公制的建立 / 018
 2.1.2 绝对单位制的发展 / 023
 2.1.3 国际单位制(SI)的确立 / 026

目录

2.2 电工标准化早期发展 / 029
    2.2.1 电力工业萌芽 / 029
    2.2.2 第一次工业革命期间标准化发展 / 032
    2.2.3 第二次工业革命期间标准化发展 / 036

2.3 IEC 的诞生 / 039
    2.3.1 IEC 起源 / 039
    2.3.2 IEC 初期发展 / 042

第 3 章 国际电工委员会 / 046

3.1 IEC 简介 / 046
    3.1.1 IEC 工作范围 / 046
    3.1.2 IEC 成员及身份 / 047
    3.1.3 IEC 宗旨 / 049

3.2 IEC 治理架构 / 049
    3.2.1 治理改革过程 / 050
    3.2.2 IEC 新治理架构 / 052

3.3 IEC 战略规划 / 054
    3.3.1 新战略规划制定过程 / 055
    3.3.2 新战略规划核心内容 / 056
    3.3.3 新战略规划运行计划（2022—2024 年） / 057

3.4 市场战略研究 / 058
    3.4.1 MSB 职责和任务 / 058
    3.4.2 MSB 组织架构 / 059
    3.4.3 主要交付成果 / 060

3.5 国际标准制定 / 064
    3.5.1 咨询委员会 / 064
    3.5.2 系统工作 / 065
    3.5.3 战略小组 / 066
    3.5.4 特别工作组 / 067
    3.5.5 技术委员会 / 068

3.6 合格评定 /069
　3.6.1 合格评定简介 /069
　3.6.2 IEC合格评定体系 /072

第4章 国际标准化合作

4.1 国际标准化机构 /077
　4.1.1 国际标准化组织(ISO) /077
　4.1.2 国际电信联盟(ITU) /080
　4.1.3 世界标准合作组织(WSC) /084
4.2 区域标准化机构 /086
　4.2.1 欧洲标准化委员会与欧洲电工标准化委员会 /086
　4.2.2 太平洋地区标准大会 /088
　4.2.3 泛美标准委员会(COPANT) /089
　4.2.4 非洲标准化组织 /089
　4.2.5 海湾阿拉伯国家合作委员会标准化组织 /090
4.3 国家标准化机构 /091
　4.3.1 英国标准学会(BSI) /091
　4.3.2 德国标准化学会(DIN) /092
　4.3.3 美国标准学会(ANSI) /093
　4.3.4 日本工业标准调查会(JISC) /094
　4.3.5 韩国技术标准局(KATS) /096
4.4 其他相关国际组织 /097
　4.4.1 电气与电子工程师学会标准协会(IEEE-SA) /097
　4.4.2 国际大电网委员会(CIGRE) /099
4.5 标准化机构合作 /102
　4.5.1 IEC与ISO /103
　4.5.2 IEC与CENELEC /105
　4.5.3 IEC与IEEE-SA /105

目 录

第 5 章　中国与 IEC　　/ 108

　5.1　中国是国际标准化的重要参与者　　/ 108
　　5.1.1　1949 年以前的中国曲折的标准化发展史　　/ 108
　　5.1.2　1949 年以后的中国参与 IEC 的早期历史进程　　/ 110
　　5.1.3　参与国际任职，展现大国担当　　/ 113
　　5.1.4　为国际标准化贡献中国智慧　　/ 116
　5.2　中国参与国际标准化活动的工作体系　　/ 119
　　5.2.1　国务院标准化行政主管部门　　/ 119
　　5.2.2　国内技术对口单位　　/ 119
　　5.2.3　参与 IEC 国际标准化的方法与途径　　/ 120
　5.3　IEC 国际标准促进中心（南京）　　/ 127

第 6 章　国际标准与技术创新　　/ 131

　6.1　创新　　/ 129
　　6.1.1　创新的定义　　/ 129
　　6.1.2　创新的类型　　/ 130
　　6.1.3　创新的特点　　/ 132
　　6.1.4　技术发展的生命周期　　/ 133
　　6.1.5　技术创新的动态模型（A-U 模型）　　/ 134
　　6.1.6　技术生命周期和技术创新动态模型的关系　　/ 135
　6.2　技术标准与创新关联性分析——以智能电网为例　　/ 137
　　6.2.1　智能电网整体标准框架设计　　/ 138
　　6.2.2　智能电网自动化设计　　/ 140
　　6.2.3　智能电网公共信息模型设计　　/ 141
　　6.2.4　智能电网安全性设计　　/ 142
　6.3　标准助力技术创新发展　　/ 143
　　6.3.1　标准为创新发展提供框架　　/ 143

6.3.2 标准带来规模化经济效益 / 144
6.3.3 标准是最低限度技术要求 / 144

第 7 章 电工国际标准化展望 / 148

7.1 电工国际标准化发展趋势 / 148
7.2 重点关注技术领域 / 151
   7.2.1 碳达峰、碳中和 / 151
   7.2.2 新型电力系统 / 152
   7.2.3 标准数字化和数字标准化 / 154
   7.2.4 智慧城市 / 155
   7.2.5 未来可持续发展交通 / 155
   7.2.6 人工智能 / 156

附 录 / 158

第 1 章 概 述

标准是经济活动和社会发展的技术支撑,是国家基础性制度的重要方面。标准化在推进国家治理体系和治理能力现代化中发挥着基础性、引领性作用。随着经济全球化和贸易自由化进程的加快,标准作为全球经贸合作和技术交流的通用语言,影响着全球80%的贸易和投资,在推动科技创新、促进产业发展、消除技术壁垒、增进国际合作等方面发挥着重要作用,正深刻影响着全球力量的格局,对促进国际贸易、推进科技进步、提升国家综合实力等发挥着举足轻重的作用。一项技术标准转化成为国际标准,不仅可带来较大的经济效益,还能决定一个行业的兴衰。当前世界各国正在加紧实施完善各自国家技术标准战略,不断推进先进技术标准向国际标准转化,积极主导和参与国际标准制定,将国际标准作为占据科技产业制高点的重要抓手。本章通过阐述标准定义,追溯古代中国的标准化探索历程,深入剖析国际标准在国际贸易、科技创新等领域的作用,有助于我们进一步了解标准在塑造全球发展新格局过程中的战略性、基础性和引领性作用,增强国际标准化意识。

1.1 标准的定义

1.1.1 标准的概念

《标准化工作指南第 1 部分:标准化和相关活动的通用术语》(GB/T 20000.1—2014)对"标准"给出了如下定义:通过标准化活动,按照规定的程序经协商一致制定,为各种活动或其结果提供规则、指南或特性,供共同使用和重复使用的文件。

简单来说,标准就是一种长期总结形成的"规则、习惯、方法、要求"。标准必须

第1章 概 述

具有共同使用和重复使用的性质，所谓共同使用是指"你用、我用、他也用，大家都要用"，重复使用是指"今天用、明天用、后天用，经常要用"。这里，"共同使用"和"重复使用"两个条件必须同时具备，也就是说，只有大家共同使用并且多次反复使用，标准这种文件才有存在的必要。

1.1.2 标准的分类

按照标准制定主体和标准的适用范围，通常把标准分为：国际标准、国家标准、行业标准、地方标准、团体标准、企业标准。

国际标准是指为了促进国际贸易、技术合作和信息交流，经过国际协商制定的一套通用、共同的规范、规则或准则。这些标准可以涵盖各个领域，包括产品、服务、管理、环境、安全和质量等。国际标准的制定和采纳有助于在全球范围内实现一致性、互操作性和可比性，促进不同国家和地区之间的交流与合作。国际标准的制定通常需要广泛的专家讨论和协商，以确保其准确、全面且具有可操作性。国际标准主要包含国际标准化组织(ISO)、国际电工委员会(IEC)和国际电信联盟(ITU)所制定的标准以及ISO确认并公布的其他国际组织制定的标准。

国家标准是指由国家机构通过并公开发布的标准。中华人民共和国国家标准是指对我国经济技术发展有重大意义、必须在全国范围内统一的标准。对需要在全国范围内统一的技术要求，应当制定国家标准。国家标准在全国范围内适用，其他各级标准不得与国家标准相抵触。国家标准一经发布，与其重复的行业标准、地方标准相应废止，国家标准是标准体系中的主体。国家标准分为强制性国家标准和推荐性国家标准。

行业标准是指没有推荐性国家标准、需要在全国某个行业范围内统一的技术要求。行业标准是对国家标准的补充，是在全国范围的某一行业内统一的标准。行业标准在相应国家标准实施后，应自行废止。过去行业标准也有强制性标准与推荐性标准之分，在2018年1月1日生效的最新版标准化法中已经去除了强制性行业标准。

地方标准是指在国家的某个地区通过并公开发布的标准。如果没有国家标准和行业标准，而又需要满足地方自然条件、风俗习惯等特殊的技术要求，可以制定地方标准。地方标准由省、自治区、直辖市人民政府标准化行政主管部门编制计划，组织草拟，统一审批、编号、发布，并报国务院标准化行政主管部门和国务院有关行政主管部门备案。地方标准在本行政区域内适用。在相应的国家标准或行业标准实施后，地方标准应自行废止。

团体标准是由团体按照团体确立的标准制定程序自主制定发布、由社会自愿采用的标准。社会团体可在没有国家标准、行业标准和地方标准的情况下，制定团体标准，快速响应创新和市场对标准的需求，填补现有标准空白。国家鼓励社会团体制定严于国家标准和行业标准的团体标准，引领产业和企业的发展，提升产品和服务的市场竞争力。

企业标准是对企业范围内需要协调、统一的技术要求、管理要求和工作要求所制定的标准。企业标准是企业组织生产和经营活动的依据。企业标准由企业制定，由企业法人代表或法人代表授权的主管领导批准、发布，由企业法人代表授权的部门统一管理。

1.1.3 标准化的概念

《标准化工作指南第 1 部分：标准化和相关活动的通用术语》（GB/T 20000.1—2014）对"标准化"给出了如下定义：为了在既定范围内获得最佳秩序，促进共同效益，对现实问题或潜在问题确立共同使用和重复使用的条款以及编制、发布和应用文件的活动。

标准化活动确立的条款可形成标准化文件，包括标准和其他标准化文件。标准化的主要作用在于为了产品、过程或服务的预期目的改进它们的适用性，促进贸易、交流以及技术合作。

1.1.4 标准草案

在标准编制过程中形成的标准大纲或为了征求各方意见、审查（投票）或批准而提出的标准征求意见稿、标准送审稿以及标准报批稿等标准文稿统称为标准草案。

1.1.5 标准体系

一定范围内的标准按其内在的逻辑联系形成的整体构成标准体系。按照标准体系的应用范围，标准体系可分为全国通用性综合基础标准体系、行业标准体系和各种特定系统的标准体系。

1.2 古代中国标准化探索

"标准是人类文明进步的成果。从中国古代的'车同轨、书同文',到现代工业规模化生产,都是标准化的生动实践。"

——习近平致第 39 届国际标准化组织大会的贺信

"标""准"二字,最早见于东汉许慎《说文解字》。"标",本意为树木的末端,引申为典型代表;"准",本意为用于测量的水平仪,引申为准则、基准。"标准"一词,即指衡量事物的规范。

事实上,"标准"这一概念的产生最早可追溯至远古时代,源于古人对"准绳""规矩"的使用与认识。相传垂为帝喾时期的一位能工巧匠,发明了规矩、准绳。作为测量检校的工具,"准绳""规矩"被视为制造器物、建筑工程所依据的"标准"。古墓中常见女娲和伏羲手持规、矩的图案(见图 1-1),就是左为女娲,手持规,右为伏羲,手持矩,传递出"规天矩地"的规范秩序含义。

图 1-1　左为女娲,手持规;右为伏羲,手持矩

到了春秋战国时期，由于诸侯割据，各诸侯国都执行本国的度量衡标准，其度量衡的单位、量值和进位制都不统一。秦国早在秦孝公任用商鞅，在实行变法时便"平斗桶权衡丈尺"，制定了度量衡标准，统一度量衡，对长度、重量、容积进行统一（见图1-2）。公元前344年，商鞅监制了商鞅方升，作为标准量器，这是现存最早的标准器。

图1-2　秦国度量衡标准器

秦国推行度量衡标准化采取了三个步骤：

(1) 制造统一的标准量器与衡器，作为标准器，刻上诏书，颁行全国各地；

(2) 制定统一进位制标准，明确、固定度量衡之间的换算；

(3) 建立严格的度量衡管理和校验制度，保障度量衡制度的实施。

这套标准化体系被运用到军事领域，使得秦国建立了超越时代的先进军工生产体系。

与列国不同的是，秦国的标准化是以法律的形式对产品的型式、尺寸、技术要求都作了严格的规定。作为当时秦国的丞相，吕不韦编著的《吕氏春秋》中记载有"物勒工名"一词。所谓物勒工名（见图1-3），便是器物的制造者和检验者要将自己的名字刻在上面。从武器的铸造者到检验者，再到兵工厂的负责人，一直到丞相吕不韦，形成了一整套的监察系统，一旦武器质量出现问题，便可从上至下追究每一级责任人的责任。

秦国对实战兵器的几何参数、战车木马构建，甚至兵器零部件通用都做了细致规定。作为易耗品，箭是战争中需求量最大的武器。秦国每个弩兵常携带90～130支的箭矢，这就要求后方兵工厂能够按照统一标准大批量生产高质量兵器，以满足战争需求。

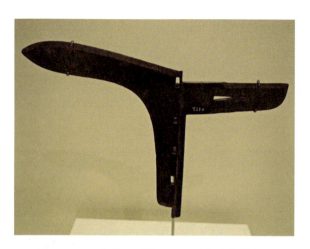

图1-3　吕不韦戈,是物勒工名制度的代表文物

箭有箭头和箭杆两大组件。秦国的箭头是三棱形的,棱线弧度极为考究,与现代子弹基本一致(见图1-4)。这种设计不仅可以大大减小箭头的飞行阻力,而且极大地提升了精准度。更令人称赞的是,箭头几何参数的高度统一性,这意味着秦国武器零部件通用互换性达到了很高的水平。

图1-4　秦国用于标准化铸造箭头的箭镞范

而后的历史上也涌现了各行业对于标准化要求的书籍,比如北宋建筑业标准《营造法式》、明代药学标准《本草纲目》、北宋食品业标准《酒经》、清朝木活字印刷标准《钦定武英殿聚珍版程式》等。中国古代的标准发展奠定了中国现代标准发展的基础,详见表1-1。

1.2 古代中国标准化探索

表 1-1 中国古代标准范例

示意图	内　　容
	春秋战国时期，诸侯国的货币不统一，都有自己的货币。秦始皇统一六国后，统一使用一种货币，规定黄金为上币，单位"镒"（合20两）；铜为下币，单位"半两"。半两钱是秦国的货币，六国统一后改为方孔圆钱，推行全国。从此，方孔圆钱这种货币一直沿用了两千余年
	秦始皇统一六国前，各诸侯国的长度单位、重量单位、体积单位都不统一。六国统一后，全国统一了度量衡。1标准尺约合今0.23米，1标准升约合今0.2公升。统一斗、桶、权、衡、丈、尺等度量衡，要求秦国人必须严格执行，不得违反。从秦朝开始，历朝度量衡都全国统一，一直沿袭至今
	秦始皇统一六国之前，诸侯国的车辆宽度不一，车道也有宽有窄，各国的车辆往来很不方便。秦始皇统一六国后，规定车辆上两个轮子的距离一律改为六尺，要求全国车轮的距离相同，称为"车同轨"。因为全国的车轮距离相等，车辙也就得到了统一
	《营造法式》是一部北宋时期木结构房屋建筑设计、施工、材料以及工料定额的著作，也是中国第一部关于建筑设计、施工的规范书

续表

示意图	内　容
	《本草纲目》是16世纪以前药物学的全面总结，展示古代中医问诊的内容，增添新药，改正以前对个别草药的认知错误，是一部伟大的药典标准
	《酒经》特别强调酸浆的重要性，它能够调节发酵醪的酸度，提供酵母菌良好的营养料，抑制杂菌生长，有利于酵母菌的繁殖，同时还记载了当时加热酒液杀菌保存的新技术
	《钦定武英殿聚珍版程式》是我国古代官方颁布的木活字印刷标准，涉及木活字的材料、加工、质量、管理、制版，以及字体、版式、印刷流程、活字流转使用等内容，该标准是清朝《武英殿聚珍版丛书》大型出版实践的总结，其木活字排版技术与现代印刷排版技术一致，极大地推动了木活字印刷技术在地方和民间的推广以及宋体字的普及

1.3 标准：世界的"通用语言"

作为支持国际贸易发展的重要基础和前提，标准使得不同国家或地区间商品与劳务的交换成为可能。纵观全球经济发展史，国际贸易是贯穿其中的一个主旋律。国际贸易的形成促进了包括发达国家与发展中国家在内的全球经济快速增长，使得不同国家或地区之间的经济联系越来越紧密。根据世界贸易组织（WTO）统计，2022年世界商品贸易出口总额为31万亿美元，约占全球GDP比重的29.4%，国际贸易已经成为全球经济繁荣与发展的关键驱动力之一。绝大多数情况下，开展贸易的进出口双方必须拥有一致或相互认可的准绳，一方面是为了确保出口商品在进口国的正常使用，保证国际贸易的顺利开展；另一方面，通过开展有效可靠的标准化、计量、检测、认证和认可，能进一步促进国家和全球质量基础设施的建设。

标准能够降低技术性贸易壁垒，创造新的贸易机会。国际标准的存在使得出口商品的生产、制造和使用"有据可依"。随着经济全球化的发展，国际贸易中非关税壁垒，特别是技术性贸易壁垒（Technical Barriers to Trade，TBT）对国际贸易的影响与日俱增。有时正是标准在国际上无法通用，导致产品、技术输出受阻。因此在某种程度上，标准成为产业"走出去"的技术性贸易壁垒。世界银行提出，国际标准是全球贸易的"护照"，其大部分与制造业相关的研究报告认为，标准能够创造新的贸易机会，但在有些情况下过于严格的标准也限制了贸易的发展，甚至成为针对性的国家壁垒。对此，需要开展国际标准化，实现标准在国际上的统一、对接和互认。通过对企业参加标准化活动进行考察分析，德国认为欧洲标准和国际标准的协调统一，可使企业减少贸易费用。被调查的62%的企业在与其他公司签订合同时，由于采用欧洲标准和国际标准，简化了有关手续；54%的企业认为，在自身行业中，欧洲标准和国际标准有利于减少贸易壁垒。

> **【知识拓展】**
>
> 技术性贸易壁垒主要指国际贸易中商品进口国在实施贸易进口管制时通过颁布法律、法令、条例、规定，建立技术标准、认证制度、检验制度等方式，对外国进出口产品制定过分严格的技术标准、卫生检疫标准、商品包装和标签标准，从而提高对进口产品的技术要求，增加进口难度，最终达到限制进口的一种非关税壁垒措施。

1.4　标准与科技创新协同共生

标准是科学技术和实践经验的结晶，反映了当前人类社会所达到的生产技术水平。

第1章 概　　述

技术进步是促进经济社会发展的重要驱动力，为能充分获得经济利益，新技术需要通过标准及技术规范去推广，国际标准也就成为向国际社会传播先进科学技术和实用生产方式、破除技术和创新壁垒的重要手段。早在1997年，德国经济技术部和德国标准化学会（DIN）对标准化经济效益问题进行了研究，就标准化与技术进步之间的关系得出如下结论：①标准、技术规范和专利都是国家技术发展水平的指标；②与专利相比，标准对技术进步起着更为重要的作用。

以能源领域为例，世界能源转型的方向是清洁化、全球化、智能化。其中，智能化就是基于大数据、云计算、互联网等先进信息技术的推广应用，全面提高现代能源系统的经济性、适应性和灵活性，构建智慧能源系统，建设智能电网，促进智能家居、智能交通、智慧城市、智慧国家建设。近年来，新能源开发利用规模在不断扩大，能源结构多元化趋势明显，为此，世界各国都加快建设智能电网以应对能源战略转型带来的挑战，智能电网近乎成为新一轮能源革命的关键环节与重要特征。美国、德国、法国和中国等国家在发展智能电网方面取得了许多突破性进展，但与此同时，建设智能电网仅有技术上的解决方案是不够的，各国普遍发出建立智能电网的标准体系的呼声。

德国电气工程师协会（VDE）主席乔希姆·施耐德指出："不同的国际标准需要相互协调，单独国家解决不了智能电网的发展问题。同时标准化还有利于保证投资安全，使各国都能得到益处。因此，各国需要改善立法，促进智能电网的标准化，推动相互交流。"

日本经济产业省基准认证局副局长安永裕幸认为："智能电网由不同系统相互作用构成，为了实现智能电网的安全稳定运行，亟须构建智能电网的标准体系，尤其是国际标准体系。"

法国电力公司可再生能源部主任让·弗朗索瓦·福热拉介绍道："电网包括不同的合作伙伴，我们希望在欧洲建设一张自动化水平更高、互动性更强、供电可靠性更高的智能电网，但目前还受到欧盟的法规限制、补贴限制等。只有在统一的国际标准体系指导下，各国的电力企业和设备制造企业才能开展通力合作，才会有效加快智能电网的建设。"

因此，作为世界能源转型关键的智能电网技术的快速发展、推广和应用，需要建立智能电网的国际标准体系。

1.5 标准是发达国家战略布局的核心要素

随着全球科技发展日益加速，国际标准已成为国家实力在科技、经济等领域的重要体现，也是实施技术和产业政策的重要手段。因此，发达国家纷纷制定国际标准化战略，积极主导国际标准制定致力于在科技和产业领域占据领先地位。欧美发达国家均十分重视标准化与科技创新融合，从战略制定、研究开发、政策保障等多方面推动本国标准向国际标准转换，以此作为提升科技实力和产业优势的重要途径。

美国国家标准与技术研究院（NIST）牵头组织美国工业界和信息通信技术产业龙头企业开展相关规划和研究工作，针对科技成果技术标准化、国际标准制定等提出政策建议。在此基础上，2023年5月NIST发布了《美国政府关于关键技术和新兴技术的国家标准战略》，罗列了对美国竞争力和国家安全至关重要的关键和新兴技术（Critical and Emerging Technologies，CETs），包括通信网络技术、半导体、人工智能、生物技术、导航、量子信息技术等，提出要加大对上述领域国际标准化的支持，从而提升美国在全球市场的竞争力。

自提出工业4.0战略以来，德国电子电气信息技术委员会、德国标准化委员会、德国电气工程学会根据工业4.0工作小组提出的8项工作计划，先后发布了两版路线图，对德国的工业4.0标准化工作进行顶层设计。目前，德国标准化学会（DIN）、德国电工电子与信息技术标准化委员会（DKE）、德国电气电子制造商协会（ZVEI）、德国机械设备制造业联合会（VDMA）、德国工程师协会（VDI）、德国电气工程师协会（VDE）等组织均积极合作开展工业4.0标准化研究。工业4.0指导委员会已发布了德国工业4.0标准化路线图4.0版文件，研究给出了相关领域标准概况，梳理分析了德国工业已有标准的相关领域，以及有待标准化的相关领域，该文件英文版于2020年3月出版。

2019年，日本经济产业省（Ministry of Economy, Trade and Industry）完成了《日本工业标准化法》的修订。此次修订的要点主要包括：①扩大日本工业标准（Japanese Industrial Standards，JIS）的范围，新增了数据、服务、业务管理类的标准；②鼓励日本民间组织机构等对其工业标准的主导，加快日本工业标准开发进程，完善日本工业标准体系；③促进日本相关利益方积极参与国际标准化活动，还明确了政府、国家实验室、大学、商业经营者等在国际标准化中的强制性义务等。

1.6 标准是中国国家战略的重要组成部分

与欧美发达国家相比,中国工业化起步较晚,标准化建设滞后。21世纪以来,中国大力实施标准强国战略。习近平总书记提出自主创新要与自主品牌、知识产权和标准化相结合,对技术专利化、专利标准化、标准产业化、标准国际化作出明确部署,中国标准化建设进入快速发展阶段。

2019年10月,习近平总书记在致第83届IEC大会的贺信中指出,要积极推广应用国际标准,以高标准助力高技术创新,促进高水平开放,引领高质量发展,为我国标准化工作指明了方向,提供了根本遵循(见图1-5)。

党的二十大报告提出,要加快构建新发展格局,着力推动高质量发展,深化要素市场化改革,建设高标准市场体系。中共中央、国务院先后印发《国家标准化发展纲要》和《质量强国建设纲要》。其中,《国家标准化发展纲要》提出要优化标准化治理结构,增强标准化治理效能,提升标准国际化水平,加快构建推动高质量发展的标准体系,助力高技术创新,促进高水平开放,引领高质量发展。到2025年,实现标准化工作由国内驱动向国内国际相互促进转变,标准化开放程度显著增强,标准化国际合作深入拓展,互利共赢的国际标准化合作伙伴关系更加密切,标准化人员往来和技术合作日益加强,标准信息更大范围实现互联共享,我国标准制定透明度和国际化环境持续优化,国家标准与国际标准关键技术指标的一致性程度大幅提升,国际标准转化率达到85%以上。

1.6.1 《国家标准化发展纲要》

2021年10月,中共中央、国务院印发《国家标准化发展纲要》(以下简称《纲要》),《纲要》全文可分为总体要求、主要任务和组织实施三个板块,涉及国计民生的方方面面,明确了标准化工作新方位,提出了标准化改革新路径,确立了标准化开放新格局,为构建推动高质量发展标准体系作出了全面部署,是新时代全面推进标准化工作的路线图和施工图,对在新发展阶段不断推进标准化工作、推动全面建设社会主义现代化国家具有重大意义。

1.6 标准是中国国家战略的重要组成部分

(a)①

(b)②

图 1-5 第 83 届 IEC 大会开幕式

---

① 图片来源:https://baijiaho.baidu.com/s？id=1648414479764963642&wfr=spider&for=pc.
② 图片来源:https://www.cnca.gov.cn/rdzt/d83jIECdh/index.html.

《纲要》提出，到 2025 年，我国标准化发展要实现"四个转变"：标准供给由政府主导向政府与市场并重转变；标准运用由产业与贸易为主向经济社会全域转变；标准化工作由国内驱动向国内国际相互促进转变；标准化发展由数量规模型向质量效益型转变。到 2035 年，结构优化、先进合理、国际兼容的标准体系更加健全，具有中国特色的标准化管理体制更加完善，市场驱动、政府引导、企业为主、社会参与、开放融合的标准化工作格局全面形成。

《纲要》明确七个方面重点任务，这些是标准化发展的重要环节，包括推动标准化与科技创新互动发展、提升产业标准化水平、完善绿色发展标准化保障、加快城乡建设和社会建设标准化进程、提升标准化对外开放水平、推动标准化改革创新和夯实标准化发展基础。

由此可见，我国将进一步全面实施标准化战略，不断推进标准化建设，以标准加速科技创新成果产业化，用标准构建新技术向新产业转化的桥梁。以标准支撑高效能治理，在保障经济发展的同时守护绿水青山。以标准促进高水平开放，为优化全球标准治理提出更多"中国方案"，贡献更多"中国智慧"。

1.6.2　标准服务"一带一路"建设和国际产能合作

2015 年 10 月，"一带一路"建设工作领导小组办公室发布《标准联通"一带一路"行动计划(2015—2017)》，提出以"推动标准'走出去'、促进投资贸易便利化、深化国际合作、提升标准国际化水平、支撑互联互通建设"为目标，深化与"一带一路"沿线重点国家标准化互利合作，加快推进标准互认。2017 年 12 月，国家标准化管理委员会发布《标准联通共建"一带一路"行动计划(2018—2020 年)》，提出要深化基础设施标准化合作，支撑设施联通网络建设，推动 5G、智慧城市等国家标准在"一带一路"沿线国家应用实施。

标准是互联互通、国际合作的通用语言，是全球治理体系和经贸合作发展的重要技术基础。加快中国标准"走出去"，促进政策沟通、设施联通、贸易畅通、资金融通、民心相通，对于推动"一带一路"建设意义重大。

标准是基础设施的质量保障。"一带一路"沿线国家大多为发展中国家，能源、交通、信息等基础设施较为薄弱。以电力为例，南亚、撒哈拉以南非洲地区很多地方还没有电网，是全球缺电严重的地区，无电人口超过 10 亿人；俄罗斯、中亚、东欧等国家和地区电力设施老化问题突出，目前正在进行大规模的改造升级；西亚地区大力发展新能源，推进能源转型，减轻油气依赖，电力建设进入快速扩张期。我国在铁路、电网、大坝、桥梁等基础设施领域的建设能力居世界首位，建设水平世界领先，形成了完整的标准体系和质量体系，近年在国际国内建设了一大批世界级工程，质量水平举世公认。基础设施建设惠及各行各业、千家万户，能为当地民众带来看得见、摸得着的实惠。发挥中国优势，以中国标准为准绳，高质量开展基础设施建设合作，将为"一带一路"建设注入强大的动力。

标准是产能合作的基础支撑。标准是国际贸易中的通用语言体系，推进国际产能合作，产品必须跨过标准这道关。21世纪以来，我国装备工业加快发展，高端装备制造能力显著增强，与发达国家的差距越来越小，尤其在特高压、高铁、核电等领域已经实现赶超，这些领域的很多全球首台首套重大装备实现了中国制造和中国创造。加快我国标准向国际标准转化，让更多的中国制造拿到"走出去"的通行证，不仅可以让"一带一路"沿线国家用上中国的优质装备，而且可以在沿线国家投资建厂，带动当地制造业转型升级，增强沿线国家经济社会发展的内生动力。

本章知识要点

(1) 标准和标准化的定义。

(2) 标准的分类。

(3) 技术性贸易壁垒的含义。

(4)《国家标准化发展纲要》的主要内容。

思考题

(1) 国际标准对于国际贸易的重要性如何体现？

(2) 标准与国家质量基础设施(NQI)之间的关系是怎样的？标准对NQI有什么助推作用？

(3) 国际标准在促进科技创新和推动新技术应用中的实际案例有哪些？

(4) 各国在制定国际标准方面采取了怎样的策略以抢占科技发展和产业竞争的制高点？

(5) 国际产能合作中，企业是如何借助标准化来加强合作，并推动中国制造在"一带一路"共建国家发展的？

本章参考文献与资料

[1] 国家标准化发展纲要.

[2] 标准化工作指南第1部分:标准化和相关活动的通用术语(GB/T 20000.1—2014).

[3] 中华人民共和国标准化法(2017年修订).

[4] https://mp.weixin.qq.com/s/FQ2NHUMQPRvF8IpBydiCNg.

[5] USG National Standards Strategy for Critical and Emerging Technology (USG NSSCET).

第 2 章　电工国际标准发展历史

本章重点介绍电工领域标准化的发展历程，首先追溯电工单位的起源，从公制的建立，到绝对单位制的发展以及国际单位制(SI)的确立，为后续标准化发展提供了科学而系统的度量体系。随着第一次工业革命和第二次工业革命的爆发，电力工业在标准化引导下得到蓬勃发展，国际电工委员会(IEC)应运而生，对推动电工国际标准发展起到了关键性作用。对电工单位、早期标准化和 IEC 发展历程的全面剖析，有助于更好地理解电工技术在全球范围内的标准化足迹。

2.1　电工单位的起源

计量单位是电工标准的根本。中国是世界上较早统一计量单位"度量衡"的国家之一。古希腊人和古埃及人也有着各自的度量衡标准器。到了罗马帝国时期，度量衡标准器被精心保存在寺庙和皇宫中，以保护其完整性。随着罗马帝国的解体，欧洲统一的测量系统被废弃。

彼时，世界各国之间交往尚不密切，科学技术发展还处于初始阶段，缺乏统一计量单位的问题尚不明显。到了 17 世纪和 18 世纪，欧洲工业革命爆发，科学技术发展和工业化水平不断地提高，特别是电力工业的飞速发展催生出种类多样的电工单位，计量方式也是五花八门，这让欧洲人意识到必须实现电工单位的统一，这不仅是为了实现科学实验的精确测量，促进科学技术的快速发展，也是为了能在各国销售标准化的产品。

2.1.1 公制的建立

1. 公制的诞生

公制,也称为米制,是一种国际统一的计量单位制度。它包括重量(质量)、长度、容积等一整套计量单位。公制最早起源于法国,它的诞生可以追溯到17世纪。

在17世纪,欧洲各地存在着不同的度量衡系统,导致交流不畅通和商业活动不便利。为采取更简单、统一和科学的度量方法,法国人加布里埃尔·穆通(1618—1694)(见图2-1)提出了一种基于十进制制度的度量衡系统。他建议将地球的赤道周长(约为40000千米)作为长度单位,称之为"米"(mètre)。尽管穆通的具体提案未被直接采纳,但是为后来的公制单位的建立奠定了基础。

图2-1 加布里埃尔·穆通(Gabriel Mouton)

一个世纪后,英国发明家、第一次工业革命的重要人物詹姆斯·瓦特(James Watt)于1783年写信给一位法国学者,抱怨比较不同国家的科学结果存在诸多困难。他建议应该为科学目的而推行国际度量衡单位。这在法国引发强烈反响。

1790年3月,法国国民议会宣布对度量衡进行改革,委托法国科学院开展度量衡的规范工作。法国科学院为此成立了一个由数学家、力学专家拉格朗日(Lagrange)和天文学家拉普拉斯(Laplace)等组成的委员会,拉格朗日是委员会主席。他们测量了敦刻尔克和巴塞罗那之间的一段子午线长度,由此计算出从极点到赤道的子午线象限弧的长度(见图2-2),将其总长度的千万分之一作为长度的基本单位,即米(名字来源于古希腊的一种度量单位metron),并在金属棒上精确标记,用作科学和商业的工作标准。此外,他们还确定了基于米的其他单位,如千克(kilogram)作为质量的基本单位、秒(second)作为时间的基本单位。

图2-2 子午线象限弧

2. 公制的推广

1796年4月,法国政府根据临时标准以及引入的公制单位命名法建立了公制。尽管遭到英国和美国的拒绝,法国政府依然继续推行公制。到1799年6月,法国政府用铁复制品建造了白金米和千克的原型(见图2-3),以便更广泛地进行推广。

图2-3 米、千克、升的原器模型

1875 年，在法国政府的推动下，美国、俄罗斯等 17 个国家在巴黎签署了《米制公约》，公制几乎成为整个欧洲大陆的官方计量系统。

《米制公约》确定采用更稳定的铂铱合金材料制成的"国际米原器"和"国际千克原器"，不再使用最初的地球子午线和立方分米水的定义。米和千克原型被分发给各参与国，并确立为其国家标准。同年，国际度量衡局（BIPM）成立（见图 2-4），作为世界上第一个国际计量组织，负责监督相关标准的执行。

图 2-4　国际度量衡局（BIPM）

3. 公制与英制之争

在英语世界，公制的推广要慢得多，主要原因是大英帝国的冷漠，以及对法国革命和拿破仑政权的敌意。英国在 1824 年颁布《度量衡法》，形成了英制体系。英制（Imperial Units）是从中世纪使用的罗马、凯尔特、盎格鲁-撒克逊和当地习惯单位演变而来的。在英制中，英镑、英尺和加仑等传统名称被广泛使用。

当英国在 19 世纪改革他们的度量衡时，美国继续沿用了以 1824 年法案废除的度量衡为基础的单位，形成了美制。美制加仑是以 231 立方英寸的安妮女王葡萄酒加仑为基础的，比英制加仑小约 17%。在英国的系统中，干容量和液体容量的单位是相同的，而在美国却不同；英国的液体品脱和干品脱均等于 0.568 立方分米，而美国的液体品脱为 0.473 立方分米，美国的干品脱为 0.551 立方分米。英国和美国的线性度量单位和重量单位基本相同。现在的美国可以说是两套制度并存，日常生活及商业活动中主要采取美制单位测量，而在科学、医学，以及许多工业领域，连同美国军方，都采用公制单位。

为了确保与公制的一致性,英制和美制单位根据公制标准进行了测量和定义。例如,英寸现在正式定义为25.4毫米。到了20世纪,公制单位继续被广泛采用,尤其是在科学领域,这一趋势甚至在英语世界也存在。英国自1995年法律规定使用公制单位,但民众习惯了英制单位,民间还是使用英制单位居多。目前,使用英制单位的国家还有利比里亚、缅甸。此外,印度、澳大利亚、加拿大等国家或地区混合使用英制单位和公制单位。

【知识拓展】1999年美国火星气候探测器坠毁事故

1999年9月23日,美国"火星气候探测器"(见图2-5)经过6.65亿千米的长途跋涉后进入预定轨道,这时探测器突然与地面控制中心失去了联系,这个耗资两亿美元的火星探测器失联。然而,事故调查结果却大大地出乎人们的预料,原来这个航天悲剧居然是由计量单位不统一造成的。

该探测器是由洛克希德·马丁公司承制的,用于探测火星大气层、火星气候以及火星地表,并为随后踏上火星的极地登陆火星探测器提供通信中转服务。根据美国宇航局的调查,火星探测器进入火星轨道的高度偏低,导致探测器坠入火星大气层坠毁。根据进一步的调查,造成飞行高度偏低的原因竟然是公制单位和美制单位的转换问题。

原来,美国宇航局的喷射推进实验室使用的是公制单位,而负责提供推进器的洛克希德·马丁公司使用的是美制单位。在计算推力时,美国宇航局预测飞船轨道的模型是以"牛顿"为单位的,而洛克希德·马丁公司提供的数据中是以"磅力"为单位。当美国宇航局的工程师指示探测器减速进入火星226千米以上的轨道时,设置的推力以"牛顿"为单位,而实际推进器控制软件以"磅力"为单位(1磅力大约等于4.45牛顿)计算。结果探测器下降到了60千米的轨道上,坠入火星大气层中燃毁。

图 2-5　搭载火星气候探测器的运载火箭于 1998 年 12 月 11 日发射升空

4. 公制的优点

公制的优点使其成为国际上广泛接受并采用的计量系统。

(1) 统一和标准化：公制系统提供了一种统一和标准化的计量方法。在公制系统中，长度以米(m)为单位，质量以克(g)为单位，容积以升(L)为单位。这种统一的标准化方法使得不同国家和地区之间的交流更加方便，避免了因为计量单位不同而导致的误解和混淆。

(2) 易于使用和学习：公制单位采用十进制系统，更容易理解和使用。单位之间存在简单的倍数关系，例如，1 千克等于 1000 克，1 升等于 1000 毫升。这种一致性使得公制系统更加易于学习和记忆，无须记住复杂的转换因子。

(3) 适应科学和工程领域：公制系统在科学和工程领域得到广泛应用。许多科学实验和工程设计都使用公制单位，因为它们更符合科学原理和工程规范。使用公制单位可以保证精确的测量和计算，并促进不同领域之间的合作和共享。

(4) 易于转换和比较：公制单位之间的转换通常是简单的和直观的。例如，将米转换为千米只需将数值除以 1000，将克转换为千克只需将数值除以 1000。这种易于转换的特性使得比较和计算更加方便，减少了错误的可能性。

2.1.2 绝对单位制的发展

由于缺乏统一的测量体系,早期科学家使用的电气测量单位标准各不相同,主要取决于各实验者所拥有的仪器。

1843年,惠斯通(Wheatstone)教授在测量工作中以1英尺重100格令的铜线为单位,将其作为电阻的标准。惠斯通制造了一种仪器,可以作为电阻单位的倍数插入电路中,后来被称为变阻器。随后,波根多夫(Poggendorff)、雅可比(Jacobi)、布夫(Buff)等也加入了这一行列,但各科学家使用的电阻材料要么是铁,要么是铜,要么是银丝。劳德·普耶(Claude Pouillet)使用的方法是将0摄氏度时高1米、截面积为1平方毫米的汞柱的电阻值作为电阻单位(大约等于0.953欧姆),该方法直到19世纪末还在使用。1848年,为了使各国科学家相互比较各自的测试结果,雅可比向他们每人发送了一段电线,这段电线后来被称为雅可比标准。

到19世纪中叶,科学家们意识到缺乏精准的测量方法、测量定义以及统一的测量系统的问题为研究工作带来了极大的阻碍,导致研究工作停滞不前。

【知识拓展】

"几乎所有最伟大的科学发现都是精确测量的回报。"

开尔文勋爵(Lord Kelvin,本名威廉·汤姆森William Thomson,1824—1907年,见图2-6)是英国的数学物理学家,热力学温标(绝对温标)的发明人,现代热力学之父,推动建立国际电气单位和标准的先驱。

图2-6 开尔文勋爵(Lord Kelvin)

电气标准的选择和实现是一项对世界至关重要的成就，开尔文勋爵的伟大成就是将他那个时代的所有实验科学家召集起来，共同推动建立一套统一、普遍适用并实现精准测量的电工单位制。他于1861年成立了英国科学促进协会电气标准委员会(B.A.C.)(以下简称"英国协会委员会")，致力于推进电气单位和标准工作。当时还没有公认的统一的电阻、电流、电动势、数量及容量测量单位制，因此该委员会首要任务是确定代表各单位标准的最佳形式和材料。1862年，该委员会发布了第一份报告，为确定单位设定了具体要求：

(1) 单位的值应适用于更常见的电气测量，不使用大量密码或小数序列。

(2) 单位应与测量电量、电流和电动势的单位相关联，构成完整的电气测量系统。

(3) 电阻单位应与系统的其他单位一样，与功单位有明确的关系。

(4) 单位应能准确复制，即便原始标准被破坏，也可以进行替代。

(5) 以法国公制为基础，而不是英制。

其中第2个要求便是建立绝对单位制(Absolute System of Units)，这是在公制基础上，将长度(C)、质量(G)和时间(S)作为基本量，推导出其他单位的单位体系。

德国科学家高斯(C.F.Gauss)于1832年通过对地球磁场的测量证明了电磁单位与长度、质量和时间单位之间的联系，他首次提出了"绝对单位"的概念，其中长度、质量和时间是分别基于毫米、毫克和秒的三个基本单位。1845年，弗朗茨·恩斯特·诺伊曼(Franz Ernst Neumann)将这一原理推广到电学测量中。德国科学家威廉·爱德华·韦伯(Wilhelm Eduard Weber)于1851年将绝对单位应用到整个电磁和静电系统领域。1864年，英国协会委员会第三份报告确认采用以米、克和秒为基础的绝对电磁测量系统，并对其进行了修订，以便于标准的实际构建或使用。

1874年，绝对单位制被正式命名为CGS(厘米、克、秒)绝对单位制。1881年在巴黎举行的第一届国际电学大会(International Electrical Congress)上，CGS绝对单位制得到了广泛的国际支持，并被采用。但是会上就欧姆单位的定义尚存分歧。英国协会委员会制作了欧姆(电阻线的标准长度，电阻值为109 CGS单位，即1欧姆)的人工制品，而国际会议则倾向于一种可以在不同国家的不同实验室重复使用的实现方法。该方法基于汞的电阻率，通过测量特定尺寸(长106厘米和截面积1平方毫米)的汞柱而确定1欧姆的电阻，然而所选汞柱的实际电阻与CGS单位之间存在0.28%的差异。1893年在芝加哥举行的另一次国际会议上，通过对欧姆定义的修正，解决了这一异常现象。此外，CGS制还定义了电和磁测量的其他几个衍生单位，例如：

(1) 国际库仑：每秒一国际安培电流所传递的电荷。

(2) 国际法拉：一个电容器的电容被一个国际库仑电充电到一个国际伏特的电势。

(3) 焦耳：CGS 系统中 10% 的功单位，以国际安培/国际欧姆为单位，在一秒内消耗的能量足以充分用于实际。

(4) 瓦特：CGS 系统中 107 个单位的功率，以每秒 1 焦耳的速度所做的功充分代表了实际使用。

(5) 亨利：当电路中感应的电动势为 1 国际伏特时，电路中的电感，而感应电流以每秒 1 安培的速度变化。

【知识拓展】西门子兄弟之争

1881 年在巴黎举行了第一届国际电学大会。在经历漫长的辩论后，与会代表就国际标准单位制达成重要共识，形成了公约。而这背后还有一段西门子兄弟(见图 2-7)的故事。

图 2-7 维尔纳·西门子(左)与威廉·西门子(右)

大会吸引了 28 个国家的 250 名代表参加。其中维尔纳·西门子(E. Werner von Siemens，西门子电气创始人，家中排行老大)代表德国参会，而他的弟弟威廉·西门子(Karl William Siemens，家中排行老二)以英国电报工程师学会的首任会长身份代表英国参会。

> 本届大会的一个重要议题就是讨论国际标准单位,将电阻标准单位方案确定下来。然而讨论议题时,与会代表分歧很大,迟迟无法达成一致,会议被迫暂停。以英国为首的代表支持以绝对单位制来定义电阻,即以长度(C)、质量(G)和时间(S)为基本量来定义电阻单位;而以德国为首的代表则认为绝对单位制过于复杂和抽象,现实中难以度量,实用性差,建议使用汞柱定义,即0℃时长1米、截面为1平方毫米的汞柱的电阻作为电阻单位。
>
> 于是,来自英国的开尔文勋爵召集德国代表召开了一场小范围闭门会议。参会的只有少数几人关键人物,包括大会秘书马斯卡特教授(Eleuthere Mascart)、代表英国的开尔文勋爵和威廉·西门子,以及代表德国的维尔纳·西门子、赫尔姆霍兹(Helmholtz)、克劳修斯(Clausius)等。
>
> 刚开始,双方代表寸步不让,谈判陷入僵局。威廉·西门子乘会议间隙把大哥维尔纳·西门子叫到一边私下沟通。原来维尔纳·西门子已经有所动摇,打算接受英国方案,只是对该方案实用性尚存疑虑。威廉·西门子表示,绝对单位制已是大势所趋,建议带条件同意英国方案。回到会场后,双方谈判进行得很顺利,最终德国方面接受了英国的方案,前提是汞柱定义依然作为基础测量保留。大会形成了公约,为绝对单位制的普遍采用奠定了基础。

2.1.3 国际单位制(SI)的确立

1901年,意大利物理学家乔吉(Giovanni Giorgi,见图2-8)提出把米、千克、秒单位制的力学单位制和实用电学单位结合起来,形成四维的一贯单位制,这个电学单位可以采用安培或欧姆,乔吉的建议开辟了单位制发展的道路。

国际电工委员会(IEC)在1935年采用了以安培为电学单位的乔吉系统(被称为MKSA单位制)。1946年,国际度量衡委员会(CIPM)根据MKSA单位制批准了一套新的电气单位定义,并于1948年第九届度量衡大会根据《米制公约》在国际上予以采纳。

在此基础上,1954年第十届国际计量大会决定将MKSA单位制扩大为6个基本单位,即米、千克、秒、安培、开尔文和坎德拉,其中开尔文是绝对温度的单位,坎德拉

图 2-8　乔吉（Giovanni Giorgi）

是发光强度的单位。

1960 年第十一届国际计量大会决定将以上述六个基本单位为基础的单位制命名为国际单位制，以 SI（法文 Le System International d′Unites 的缩写）表示，并制定用于构成倍数和分数单位的词头（称为 SI 词头）、SI 导出单位和 SI 辅助单位的规则以及其他规定，形成一整套计量单位规则。由此，国际单位制（SI）正式建立。

1971 年第十四届国际计量大会增补了一个基本量和单位，这就是"物质的量"及其单位——摩尔。至此，国际单位制的 7 个严格定义的基本单位已确定，分别是：长度（米）、质量（千克）、时间（秒）、电流（安培）、热力学温度（开尔文）、物质的量（摩尔）和发光强度（坎德拉）。基本单位彼此独立，推导出的很多单位是由基本单位组合的。

国际单位制有诸多优点：一是通用性，适用于任何一个科学技术部门，也适用于商品流通领域和社会日常生活；二是科学性和简明性，构成原则科学明了，采用十进制，换算简便；三是准确性，单位都有严格的定义和精确的基准。国际单位制的提出和完善是国际科技合作的一项重要成果，也是物理学发展的重要标志。

【知识拓展】常用电工单位的命名

电工单位的命名方式与数学单位的命名方式基本一致,即为了纪念为相关重要理论作出卓越贡献的科学家,通常采用人名进行命名。

1861年,英国查尔斯·布莱特爵士(Charles Bright)和拉蒂默·克拉克(Latimer Clark)提出了电流为Galvant,电动势为Ohmad,电量为Farad,电阻为Volt的名称。1864年拉蒂默·克拉克又提出电动势为Galvad,电阻为Ohmad,电流为Voltad,电量为Farad的命名,英国科学促进协会电气标准委员会就此进行了激烈的争论,希望安培、韦伯和开尔文的名字被引入,并去除Galvad(认为贡献不足)。同时,名字来自不同国家,以平衡国际关系。

1881年在巴黎举行的第一届国际电气工程大会通过决议:将电阻和电压分别命名为欧姆(Ohm)和伏特(Volt);1欧姆和1伏特产生的电流称为1安培(Ampere);由1安培产生的电量为每秒1库仑(Coulomb);当1个电容器带1库仑电量时,两极板间电势差是1伏特,这个电容器的电容就是1法拉(Farad)。开尔文勋爵对此评价道:"我们希望将电动力学的创始人安培和静电学建立者库仑的名字纳入单位制,将他们分别命名为电流和电量单位,同时基于法拉第的贡献,也将他的名字保留,作为电容单位的量度……"

1893年芝加哥电气工程大会正式采用以下单位作为电气测量的法定单位,包括欧姆、安培、伏特、库仑、法拉、焦耳、瓦特和亨利。

值得一提的是,1892年初,"开尔文"曾被提议作为能量度量单位命名,定义"在1小时内以1伏特的电动势流动的1000安培电流中所含的能量",以取代"千瓦时"。开尔文勋爵本人拒绝了这一提议,理由是人们不会理解他与该单位有任何联系。后来为了纪念开尔文勋爵,"开尔文"这个名字在他去世50年后被国际单位制(SI)采用,作为热力学温度的单位一直沿用至今。

2.2 电工标准化早期发展

2.2.1 电力工业萌芽

第一次工业革命始于18世纪末到19世纪中叶的欧洲,蒸汽机的发明及运用成为这个时代的标志,机械化代替手工改变了世界的面貌,蒸汽机带动了工业的发展,也是电气时代的起源。

早在1752年,当本杰明·富兰克林(Benjamin Franklin)通过著名的风筝实验证明闪电是电时,人们甚至还无法理解电能给20世纪和21世纪带来的诸多便利和颠覆。富兰克林还通过对玻璃摩擦发生器和莱顿罐的实验,提出了电流体的概念。此外,富兰克林还创造了许多与电力相关的术语,包括现在仍在使用的电池、电荷和导体。

尽管电的现象和一些基本规律在17世纪和18世纪已经被观察和初步研究,但直到19世纪电学理论基础才得到进一步发展和确立。1800年,意大利物理学家亚历山德罗·伏特(Alessandro Volta)发明了伏特电池(见图2-9)。他将金属条浸入强酸溶液中时,发现在两个金属条之间产生了稳定而又强劲的电流。他又用不同的金属进行实验,发现

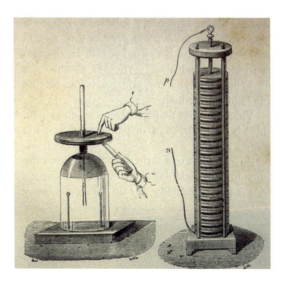

图2-9 伏特电池实验和伏特电池

铜和锌是最合适的金属，并设计出了当时被称为"电堆"的伏特电池，为电学研究的发展创造了重要条件。

1808年，汉弗莱·戴维（Humphry Davy）在1808年成功发明了第一个有效的弧光灯。这项发明利用了电弧现象，即通过电流穿过两电极之间的气体产生明亮的光和热。戴维使用两块碳电极之间的电弧来产生强烈的光亮，使其成为当时较先进的照明技术之一，为后来电灯泡等更成熟的照明技术奠定了基础。

为了深入研究电和磁之间的密切关系，科学家进行了一系列关键的实验和研究。1820年，丹麦物理学家奥斯特（H. C. Oersted）进行的一项重要实验，通过导线传递电流，并在导线周围放置磁针（小磁铁），以观察电流周围是否存在磁场，由此发现电流的磁效应。著名的法国物理学家、数学家安德烈·安培（André Ampère）对此现象进行了深入研究，提出了安培环路定理，表明了磁场的环流与通过该闭合回路的电流之间的关系。

1827年，巴伐利亚物理学家欧姆（Georg Simon Ohm）发现通过电路的电流与外加电压成正比，与电阻成反比，并在"欧姆定律"中定义了功率、电压、电流和电阻之间的关系。

1831年，迈克尔·法拉第（Michael Faraday）通过电磁感应实验，证明了一个变化的磁场可以产生电流，并通过实验圆盘发电机（见图2-10和图2-11）第一次产生了连续的电流，这个发现是电力工业发展中关键的一步，为发电机的发展指明了方向。

图2-10　法拉第实验圆盘发电机

1841年，詹姆斯·普雷斯科特·焦耳（James Prescott Joule）发现，当电流通过导体后电流所做的功转化成了热，即称为电流的热效应，为人们利用电热提供了理论基础。

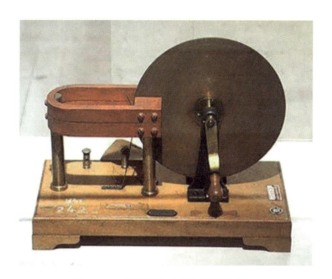

图 2-11　法拉第实验圆盘发电机模型

1844 年塞缪尔·莫尔斯(Samuel Morse)发明了电报,一种可以通过电线远距离发送信息的机器。

从 1855 年到 1873 年,理论物理学家詹姆斯·克拉克·麦克斯韦(James ClerkMaxwell)建立了著名的系列方程(见图 2-12),并推测出电磁与光的特性存在惊人的相似性。1879 年,麦克斯韦带着遗憾去世了。其理论的实验验证留给了海因里希·赫兹(Heinrich Hertz)。

$$\oint_S E \cdot da = \frac{1}{\varepsilon_0} Q_{enc}$$

$$\oint_S B \cdot da = 0$$

$$\oint_S E \cdot dl = -\int_S \frac{\partial B}{\partial t} \cdot da$$

$$\oint_S B \cdot dl = \mu_0 \left(I_{enc} + \varepsilon_0 \frac{d}{dt} \int_S E \cdot da \right)$$

图 2-12　麦克斯韦方程

赫兹是德国卡尔斯鲁厄理工学院的一名教授。1885 年至 1889 年,他一直在进行一项实验。通过火花隙向电容器放电,产生无线电波,然后通过具有类似间隙的谐振器进行探测，这是人类历史上第一次成功地传输和接收无线电波，赫兹测量了它们的波长和频率，随后还发现无线电波的折反射方式与光相同。

1870年，比利时工程师格拉默(Zénobe Gramme)设计制造了第一台商用发电机。德国西门子(Siemens)以及瑞士的埃米尔·布尔勒(Emil Bürgin)等制造商采用其设计进行了量产。发电机的大规模使用为后续构建供电系统奠定了基础。

2.2.2 第一次工业革命期间标准化发展

第一次工业革命期间，英国的纺织业生产机械化的发展，推动标准的发展进入新的阶段。在这个时期，大规模的机械化生产方式和新的技术引发了标准化的需求，推动了产品零件标准化。

1. 纺织工业标准化

在工业化的进程中，纺织工业是最具代表性的机械化行业。英国曼彻斯特市成为纺织工业的中心，当时人们就开始使用标准化的方式来生产纱线、布匹等纺织品。

例如，约翰·凯伊(John Kay)发明的飞行梭(见图2-13)，在当时成为了英国的纺织标准，其生产效率提高了60倍以上。飞行梭的发明对于纺织工业产生了深远的影响。它使得纱线的生产效率提高了60倍以上，大大缩短了生产周期，降低了生产成本，同时也提高了产品的质量和竞争力。因此，飞行梭成为了当时英国纺织工业的标准之一，它也催生了一系列与纺织生产有关的技术和工艺的标准化。

图2-13 飞行梭

2. 铁路工业标准化

随着铁路的建设和发展，人们开始关注铁路建设中的标准化问题。例如，铁路轨道的标准化是铁路工业的基础，1830年英国首条铁路——伦敦至布里斯托尔铁路的轨距为4英尺8.5英寸，即1435毫米(见图2-14)，后来成为国际普遍采用的"标准轨"。

2.2 电工标准化早期发展

图 2-14 英国铁轨(轨距 4 英尺 8.5 英寸)

【知识拓展】

在美国内战(1861—1865 年)期间,北方战胜南方的原因之一是铁路的标准化。当时的南方铁路网大多采用宽轨形式,而北卡罗来纳州、弗吉尼亚州、密西西比州等地的铁路轨距存在很大差异,使得它们相互孤立,相互脱节。北方政府认识到使用标准轨距的军事和经济优势。后来美国政府开始推广使用当时美国最常见的铁路轨距,即"标准轨"。该标准于 1864 年被用于横贯大陆铁路,到 1886 年正式成为美国标准。

3. 机械工业标准化

随着机械工业的发展,人们开始使用标准化的方式来制造各种机器和工具。例如,1841 年,英国人惠特沃斯(Joseph Whitworth)提出了世界上第一份螺纹国家标准,即惠氏螺纹。这项标准化工作使得螺纹的制造变得更加精确和可靠,为机械工程技术的发展打下了基础。1853 年,美国精密测量机械制造企业 Brown & Sharpe 成立,先后制定和推广了一系列的精度测量工具标准，这些标准成为美国机械工业标准的基础。此外，1807年美国人罗伯特·富尔顿（Robert Fulton）设计制造了世界上第一艘实用的蒸汽机船"克莱蒙特"号，有效促进了船舶工业的发展。为了确保船舶的安全性，英国开始制定一系列的航海标准。

【知识拓展】

18世纪末的机械工程师托马斯·杰斐逊（Thomas Jefferson）和埃利·惠特尼（Eli Whitney）创造性地提出步枪部件标准化，使得它们可以在不同的枪支间互换，大大提高了部件可用率和枪支生产效率，是军工走向批量生产的重要一步。此外，还有民用方面标准化需求的实例。

1904年，美国巴尔的摩发生火灾。来自纽约、费城和华盛顿特区的增援部队来到巴尔的摩救火。他们到达后发现到他们的消防水管无法连接到当地的消防栓上。最终大火燃烧了30多个小时，摧毁2500栋建筑。

1888年，国际度量衡公约签订。这是第一个全球标准化的协议，规定了国际公制单位和度量衡标准，促进了跨国贸易和科学研究。这些第一次工业革命期间的重要事件都推动了标准化工作的发展，对技术进步和产业发展产生了重大影响。

【知识拓展】电流标准之争

"得标准者得天下"，标准之争被经济学家称作"赢者通吃"，谁制定了标准，谁就掌握了行业"话语权"，也就掌握了市场竞争主动权，从而难免围绕标准的激烈竞争。

到19世纪晚期，三位杰出的发明家，托马斯·爱迪生（Thomas Edison）、尼古拉·特斯拉（Nikola Tesla）和乔治·西屋（George Westinghouse）就直流电（DC）或交流电（AC）这两种电力系统将成为标准进行了争论。在这场被称为"电流之战"的激烈争论中，爱迪生支持直流系统，在直流系统中电流稳定地朝一个方向流动，而特斯拉和西屋公司则推动交流系统，在交流系统中电流不断地交替流动。

2.2 电工标准化早期发展

在19世纪70年代末,托马斯·爱迪生(见图2-15)发明了世界上第一个实用灯泡,然后开始建造一个发电和配电系统,以便企业和家庭使用他的新发明。1882年,他在纽约市开设了第一家发电厂。两年后,来自克罗地亚的年轻工程师特斯拉(见图2-16)移民到美国,为爱迪生工作。特斯拉帮助改进了爱迪生的直流发电机,同时也试图让爱迪生对他一直在开发的交流电机感兴趣。

图2-15 托马斯·爱迪生

尼古拉·特斯拉父母是塞尔维亚人,他于1856年出生于克罗地亚,1884年移居美国。仅在美国,他就拥有112项专利。关于交流输电的第382280号专利奠定了现代电力系统的基础。

图2-16 特斯拉和他的交流电实验

然而,爱迪生作为直流电的坚定支持者声称交流电没有未来。特斯拉于1885年辞职,几年后,他的交流电技术获得了多项专利。1888年,他将自己的专利卖给了实业家乔治·西屋,他的西屋公司电气公司很快成为爱迪生的竞争对手。

> 爱迪生感受到了交流电兴起带来的威胁，因为交流电可以比直流电更经济地实现远距离传输。爱迪生发起了一场宣传运动，诋毁交流电，并说服公众它是危险的。当时纽约州寻求一种更加人道的替代方案来绞死死刑犯，爱迪生曾是死刑的反对者，而为了污名化交流电，他提议使用交流电电击，因为交流电是最快、最致命的选择。1890年，被定罪的杀人犯威廉·凯姆勒成为第一个死于电椅的人。该设备由西屋交流发电机供电。然而，这也没能使交流电名誉扫地。
>
> 凭借交流电远距离传输的经济性，西屋公司击败竞争对手通用电气，赢得了作为1893年芝加哥世界博览会的电力供应合作商的机会。通用电气于1892年由爱迪生的公司合并而成，该博览会成为特斯拉交流系统的展示舞台。西屋公司还收到了一份重要的合同，为尼亚加拉瀑布水电厂建造交流发电机；1896年，发电厂开始向26英里外的纽约州布法罗供电。这一成就被视为"电流之战"的结束。

2.2.3　第二次工业革命期间标准化发展

从19世纪末到20世纪中叶，第二次工业革命期间，工业化生产规模不断扩大，人类进入电气时代，商品生产的需求量也大幅增长，这促使了制造业对生产过程进行优化和规范化的需求。

1. 流水线生产带动作业和管理的标准化

1913年，福特汽车公司采用了一种被称为"福特生产系统"（见图2-17）的生产流程，其中标准化起到了重要作用。福特生产系统采用了流水线生产的方式，通过将生产流程分为不同的步骤，将汽车的生产时间从12小时缩短到了90分钟。福特公司对每一个生产步骤进行了标准化，以确保每一个汽车零件能够精确地配合在一起。这种标准化使得福特汽车的生产线变得高效且稳定，从而大幅度提高了生产效率和汽车品质。同时，福特公司还采用了大规模的工业化生产，使得每一个汽车零件都能够以最低成本生产出来。这种标准化和工业化生产的方法使得福特汽车成为第二次工业革命期间具代表性的企业之一，对于现代工业生产方法的发展产生了深远的影响。

图 2-17 "福特生产系统"流水线

2. 工业标准的建立

(1) 电气工业标准的建立。随着电气技术的飞速发展，人们开始意识到电气产品的安全性、互操作性和互换性等问题，于是逐渐形成了一系列的电气工业标准。例如，1881 年美国电气工程师协会(IEEE)成立，1911 年出版发行了第一个 IEEE 标准，这标志着电气工业标准的正式建立。

(2) 汽车工业标准的制定。汽车的出现促进了机械制造工业的进一步发展，也带来了一系列的汽车工业标准。例如，1916 年美国汽车工程师协会(SAE)成立，开始制定汽车工业标准，这对于汽车制造和使用的安全性和可靠性有着重要的意义。

(3) 航空工业标准的制定。航空工业的发展需要高度精密的技术和标准，例如飞机的制造、航线的规划和飞行员的培训等。因此，航空工业标准的制定也是非常重要的。例如，1919 年成立的国际航空联合会(IAF)开始制定航空工业标准。

这些标准的建立和制定，对于推动工业的发展和提高产品的质量和可靠性起到了非常重要的作用。

3. 标准化机构的形成

19 世纪末，电力工业飞速发展，世界各地的国家开始形成自己的电工社会。

在英国，苏格兰科学家戴维·布鲁斯特(David Brewster)等人于 1831 年在约克创办了英国科学促进协会（British Association for the Advancement of Science），其宗旨是为科学探究提供更强大的动力和更加系统性的指导，使国家对科学的目标给予更大程度的关注，消除阻碍科学进步的不利因素，促进科学培育者之间的交流。2009年，该协会更名为英国科学协会（BSA）。1871年，电报工程师学会（Society of Telegraph Engineers）在伦敦成立。在早期，该协会的重点是电报。由于电报和电气科学密切相关，后来协会决定扩大其范围。1880年协会决定更名为电报工程师协会和电工协会，以反映当时电气技术的变化。在1887年协会再次改名为电气工程师学会（IEE）。

在德国，1879年维尔纳·冯·西门子（Werner von Siemens）和海因利希·冯·斯特凡（Heinrich von Stephan）成立了第一个电气工程师协会（Elektrotechnischer Verein）。1893年，德国电气工程师协会（Verband Deutscher Elektrotechniker，VDE）在柏林成立，VDE的第一个技术委员会的任务是制定电气系统标准。

在美国，1884年美国电气工程师协会（AIEE）在纽约成立，该协会的成立愿景是支持电力领域的专业人员通过技术创新带来前所未有的产品和服务，并以此来改变人们的生活。AIEE引领了电气工程专业的发展，同时还关注有线通信，包括电报和电话。

1891年，加拿大电气协会成立，两年后意大利电气工程和电子协会（AEI）成立。

尽管电气测量装置的重要性已得到普遍承认，但到19世纪末，电气设备缺乏标准化已成为一个世界性的问题。随着发电机、白炽灯、配件和电缆的发展，由于没有公认的质量评级和标准，客户在挑选商品时往往仅根据产品设计的优缺点来做决定。另外，制造商开始认识到，为了促进标准化批量生产，简化设计至关重要，这一点在降低商品价格、提高商品竞争力和提供公认的保证方面作用更加突出。

1861年，开尔文勋爵成立英国科学促进协会电气标准协会委员会，目的是在科学研究和电报工作中推广使用绝对单位制。他很早就认识到需要为计量单位建立健全的科学基础，并率先实现了国际单位标准化，从而为20世纪之交电气工程行业的迅猛发展奠定了基础。1901年约翰·沃尔夫·巴里爵士（Sir John Wolfe Barry）创立了世界上第一个国家标准化机构——英国工程标准委员会，该委员会随后发布的第一批标准，其中包括电车用钢型材相关标准。

20世纪初，电气工程师开始认识到行业发展需要更密切的合作，包括术语、测试、安全和国际商定的规范。虽然19世纪是电工技术革新的时代，但20世纪的重点是巩固和标准化。虽然已开展一系列国际电气大会，特别是1881年至1900年间的国际电气大会，一直只关注电气装置和标准，但在1904年举行的美国圣路易斯大会上，为了商业贸易，有人提议设立一个常设国际委员会来研究电机和电器的统一问题。

2.3 IEC 的诞生

2.3.1 IEC 起源

国际电工委员会(IEC)的组建始于圣路易斯。1904 年密苏里城是一个繁忙的地方，它不仅举办了第 3 届夏季奥林匹克运动会和万国博览会，来自世界各地的电气工程师也来到该市参加第 5 届国际电学大会。这次会议通过了关于采用国际电学单位和标准，以及针对电气设备和电机采用国际标准的多项决议，并提出了设立一个负责确定电气设备标准的常设国际委员会的建议。

克朗普顿(R. E. B. Crompton，1845—1940 年)上校是 IEC 成立的"关键先生"(见图 2-18)。他是电气工业的先驱者，出生于英国约克郡，和许多维多利亚时代的工程师一样，他对电力有着浓厚的兴趣。他在伦敦参与修建的肯辛顿法院(Kensington Court)发电

图 2-18　克朗普顿上校

站是伦敦第一批发电站之一，他参与了英国早期的许多公共照明和电力供应计划。克朗普顿还热衷于各种形式的车辆运输，特别是自行车，他还是皇家汽车俱乐部的创始人，并参与了军用坦克的发明。

1904年，时任英国电气工程师协会(IEE)主席的格雷(Robert Kaye Gray)邀请克朗普顿参加在美国圣路易斯举办的第5届国际电学大会。克朗普顿上校在会上提交了一篇关于标准化的论文，引起巨大反响。克朗普顿上校在自传中回忆道："我的论文产生了非凡的效果，在会议结束时，我被正式要求尽我所能组建一个永久性的国际电工委员会，该委员会应该从国际的角度处理电气标准化问题。我预见到了巨大的困难，但这些困难最终还是被克服了。"

克朗普顿上校回国后向英国工程标准委员会(BESC)传达了相关情况，该委员会立刻召集了所有学科的工程师，包括英国机械工程师学会、英国电气工程师学会(IEE)和英国土木工程师学会(ICE)讨论有关标准化的问题。最初各方对国际提议持肯定态度，但感觉为时过早，认为："建立这样一个委员会虽然在各方面都是可取的，但目前还为时过早；如果获得批准，可以采取初步行动，为最终成立这样一个委员会铺平道路。"

1905年2月，负责设计伦敦塔桥的工程师、ICE总裁约翰·沃尔夫·巴里爵士(Sir John Wolfe Barry)与当时的IEE总裁亚历山大·西门子(Alexander Siemens)就克朗普顿上校的提议进行了磋商，并建议IEE通过任命一个执行委员会来组织此事。

1905年底，克朗普顿上校向IEE理事会宣布，他已就委员会发出初步询问，并收到了美国、法国、意大利、加拿大、德国、奥地利、匈牙利等9个国家电气协会的积极答复。此外，丹麦、瑞典和挪威的电气协会也对这些建议表示非常感兴趣。6个月后，IEE理事会宣布任命一个执行委员会，成员包括新的IEE主席约翰·加维、前总统亚历山大·西门子、邮局总工程师威廉普莱斯爵士、开尔文勋爵和克朗普顿上校，开始"审议并报告建立这样一个国际委员会的计划"。

1906年6月26日，在亚历山大·西门子的主持下，执行委员会首次会议在伦敦塞西尔酒店举行，共有14个国家代表参会。与会代表一致选举开尔文勋爵为主席、克朗普顿上校为名誉秘书。克朗普顿上校为这个新生组织起草了章程。在第二天的延期会议上，执行委员会正式确定名称为"国际电工委员会"(International Electro-technical Commission)，IEC正式成立。

2.3 IEC 的诞生

【知识拓展】美国汤姆森教授

尽管开尔文勋爵和克朗普顿上校是 IEC 的第一批代表性人物,但不应忘记第三人——伊莱胡·汤姆森教授(Elihu Thomson)(见图 2-19)的贡献。克朗普顿说,"汤姆森教授是圣路易斯会议上推动成立国际电工委员会计划的真正发起者。"

汤姆森教授 1853 年出生于英国曼彻斯特,他五岁时全家搬到美国费城。1880 年,汤姆森完全融入了迅速发展的电气工程领域。他获得了包括电焊机在内的多项专利,他与休斯顿创立的公司后来与爱迪生的公司合并,成立了通用电气公司。汤姆森教授由此成为 1904 年圣路易斯国会主席的必然选择。

在 IEC 成立早期,汤姆森教授与克朗普顿上校合作时曾说过:"在国际电工领域开展标准化工作是非常困难的,有许多嫉妒需要克服,有许多猜疑需要平息。但值得骄傲的是,我们没有发生争吵。"同样的合作精神今天在国际标准化工作中依然存在。

图 2-19 伊莱胡·汤姆森教授(1853—1937 年)

2.3.2　IEC 初期发展

1914 年，IEC 已拥有 4 个技术委员会，负责处理电机和原动机的命名、符号和等级等问题。IEC 也首次发布了第一套电气设备和电机的术语和定义、1 套国际量值字母符号和单位名称符号、1 项铜电阻国际标准（见图 2-20）、1 套水轮机相关定义，以及与旋转电机和变压器相关的许多定义和推荐规范。

第一次世界大战中断了 IEC 的工作，1919 年才得以恢复。截至 1923 年，技术委员会已增加至 10 个。IEC 理事会决定成立执委会，旨在"协助执行理事会的各项决议，支持总办事处的工作，并协调国家委员会和咨询委员会的工作"。

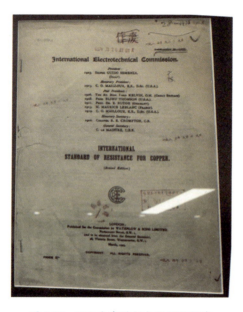

图 2-20　IEC 发布的铜电阻国际标准

在第一次世界大战和第二次世界大战期间，涌现了许多新的国际机构。IEC 意识到需要寻求合作，避免重复劳动。在这种情况下，联合技术委员会成立了，例如国际无线电干扰特别委员会（CISPR）。

1938 年，IEC 发布了首版国际电工词汇（IEV）电工名词术语。该术语的统一是圣路易斯国际电工会议为 IEC 布置的主要任务之一。由于早期尚无具有可比性的国际技术词汇出版，也很少有国家电工技术词汇，因此，命名委员会早期从事的是开拓性工作。

2.3 IEC 的诞生

IEV 涵盖用法语、英语、德语、意大利语、西班牙语和世界语汇编的 2000 个术语，以及用法语和英语汇编的这些术语定义。毫无疑问，这是一项非同凡响的成果，引起了电工领域外许多国际技术机构的广泛关注。

1939 年 9 月，第二次世界大战爆发，IEC 的工作被迫中断，在随后的 6 年内一直没有恢复。1948 年，IEC 总办事处从伦敦迁至瑞士日内瓦。

之后，IEC 在光电领域开展了更多工作。在 1939 年之前，这个领域的工作仅仅是 IEC 工作的一小部分。从此之后开始出现涉及无线电接收器和电视各个部件测量、安全要求、测试和规格方面的标准。同时，电声学相关的工作逐渐展开。CISPR 确立了无线电广播各种频率范围的容许限值标准以及干扰测量方法。图 2-21 为 20 世纪初的重要发明。

世界上第一台电话

世界上第一台电报

世界上第一台电风扇

世界上第一台电影放映机

图 2-21　20 世纪初的重要发明

1948年至1980年，IEC技术委员会数量从34个增加到80个，涵盖电容器、电阻器、半导体器件、医疗行业和航海业的电气设备，以及无线电通信系统和设备等新技术设备。

1974年，IEC设立技术委员会TC 76，负责与激光器相关的标准，重点关注这些激光器的安全问题。该委员会编制了激光器四级体系，供世界各国参考。这个体系涵盖商业、娱乐、教育、医药、科研和工业领域所使用的各种激光器。

在20世纪的最后二十年里，IEC继续针对不断涌现的新技术设立新技术委员会，编制防雷、纤维光学、超声波学、风力涡轮机系统和设计自动化方面的标准。

1995年，IEC设立开尔文勋爵奖（见图2-22）。每年评选最多三名获奖者，对他们多年来为世界电工标准化工作作出的杰出贡献表示敬意。

图2-22 IEC开尔文勋爵奖

21世纪初，科学技术迅猛发展。IEC紧随时代的脚步，第一时间开发了针对燃料电池技术，电、磁和电磁领域的人体照射剂量评估方法，以及成立了航空电子设备的新技术委员会。

2005年，国际电工委员会出版了最新版IEC多语种电工术语辞典。这本辞典现收录了19400条法语和英语电工词汇定义，以及同等数量13种语言的电工术语，也编有英语、法语、德语和西班牙语的总索引。

2006年，IEC迎来了100周年庆，开始了第二个世纪的市场服务工作。

2012年中国主导编制了IEC市场战略局新能源并网战略白皮书，为中国2013年在IEC发起成立新能源并网分技术委员会（SC 8A）奠定了基础。2014年IEC在合格评定（CA）系统中新增设了可再生能源设备认证互认体系（IECRE），旨在促进可再生能源行业使用的设备和国际贸易服务，同时保持所需的安全水平。2014年至2023年间，IEC先后发布了人工智能、边缘计算、物联网、智慧城市、零碳电力系统、新一代功率半导体等多部白皮书，助力第四代工业技术的发展。

本章知识要点

(1) 标准与标准化的定义。

(2) 中国古代的标准化成就及其对社会发展产生的影响。

(3) 公制单位的优点及公制单位与英制单位的区别。

(4) 标准在第一次工业革命和第二次工业革命中分别发挥的作用以及生动案例。

(5) IEC 成立的背景。

思考题

(1) 标准与标准化的定义分别是什么？标准化在社会生活和产业发展中起到了什么样的作用？

(2) 秦国在军事领域是如何应用度量衡的标准化体系？具体体现在哪些方面？这对军工生产体系的发展产生了怎样的影响？

(3) 除了度量衡标准，本章提到的古代中国标准化工作还涉及哪些领域？

(4) 1999 年美国火星探测器事故中，计量单位不统一导致的问题是如何发生的？这一事件对于科学实验和太空探测等领域的计量单位标准化产生了怎样的影响？

(5) 在 19 世纪初，德国科学家高斯通过对地球磁场的测量首次证明了电磁单位与长度、质量和时间单位之间的联系。这一概念被称为什么？

(6) 在第二次工业革命期间，福特汽车公司采用的生产流程被称为什么？这一流程采用了什么方法来提高生产效率和汽车品质？

(7) IEC 开尔文勋爵奖是在哪一年设立的？每年有多少位获奖者？

本章参考文献与资料

[1] PAUL TUNBRIDGE. Lord Kelvin his influence on electrical measurements and units.

[2] https://www.iec.ch..

第 3 章 国际电工委员会

自1906年成立以来,国际电工委员会(IEC)从初建、探索逐渐发展壮大,成为世界上极具权威的电工类国际标准组织,与国际标准化组织(International Organization for Standardization, ISO)、国际电信联盟(International Telecommunication Union, ITU)合称为三大国际标准化机构。本章详细介绍了IEC的工作范围、治理架构、战略规划及三大业务管理局职能,有助于我们深入了解IEC的运行机制,从而更好地参与IEC国际标准化活动。

3.1 IEC 简介

IEC成立于1906年,是世界上最早成立的国际性电工标准化机构,负责电气、电子工程技术领域国际标准化工作。IEC的总部最初位于伦敦,1948年迁移至日内瓦。IEC是全球性的非营利会员组织,也是联合国经济和社会理事会的专业性咨询机构和世界贸易组织技术贸易壁垒委员会的观察员。

IEC汇集了约170个成员国,覆盖全球99%的人口和发电量,为全球20000名专家提供了一个全球性、中立和独立的标准化平台,被誉为"电工领域联合国"。

IEC发布了超过1万项IEC国际标准,管理4个合格评定系统,为全球提供统一的技术框架,支撑各国政府建立国家质量基础设施,确保各类企业能够在世界大多数国家购买和销售安全可靠的产品。IEC工作直接支撑联合国17项可持续发展目标的实现。

3.1.1 IEC 工作范围

IEC旨在促进电工、电子、信息技术和相关工程技术领域的标准化及合格评定的国际合作，增进国家间的了解和交流，主要从事电工技术(如电力、电子、电讯和原子能)五个方面的工作：

(1)议定共同的表达方法，如名词术语、电路图的图形符号、单位及其文字符号，以及电磁理论等。

(2)制定试验或说明性能的标准方法，使有关质量或性能的叙述简洁明了。

(3)运用这些标准试验方法，制定产品质量或性能标准。

(4)确定影响机械或电气互换性的特性，简化品种，以便进行大批量的连续生产。

(5)制定有关人身安全的技术标准。

3.1.2 IEC 成员及身份

1. IEC 成员

IEC《章程和议事规则》(以下简称"IEC 章程")规定，任何有意愿参与 IEC 工作的国家需要任命一个相应的国家委员会(National Committee，NC)作为全权代表参加 IEC，且每个国家只有一个机构以国家委员会的名义被接纳为 IEC 成员。IEC 国家委员会可以由一个政府机构或学会、协会代表，也可以是由有关各方联合组成的专门机构。目前，IEC 中国国家委员会设在国家市场监督管理总局(国家标准化管理委员会)，国家标准化管理委员会主任兼任 IEC 中国国家委员会主席。

根据经济活动的水平及 IEC 章程确定的标准进行评估，IEC 成员分为两大类：一类是正式成员(Full Member)，另一类是准成员(Associate Member)。

IEC 正式成员：在缴纳年费后，可以派遣专家参加各类技术委员会/分技术委员会。拥有投票权，无论国家大小，在 IEC 机构中均拥有同等的一票表决权。有权提名或提议候选人参加 IEC 局的选举，并在独立选举委员会大会上拥有投票权。

IEC 准成员：可以选派专家参加部分技术委员会/分技术委员会并访问相应文件。可以观察员的身份参加所有的 IEC 会议，但是没有投票权。不能在独立选举委员会内担任管理职位和职能，在独立选举委员会大会上没有投票权。

此外，2001 年 IEC 启动了"联络国际计划"，为发展中国家参与国际标准制定提供机会，鼓励发展中国家积极采用国际标准以及充分地利用 IEC 现有的全电子化工作环境。参加"联合国家计划"的国家，也称为"联络成员"，不用缴纳年费且可以获得以下权益：

(1)每个联络成员可以选派 5 名专家参与 IEC 活动；专家以个人身份参与 IEC 技

工作，不代表其公司、组织或国家委员会。

（2）每位专家被授予用户名和密码；可以通过电子手段访问预选的10个技术委员会或分技术委员会相关工作文件——委员会投票草案（CDV）以上文件。

（3）每位专家可以通过"联合国家计划"秘书处评论和/或提交工作文件，了解IEC合格评定计划，参加有关方面培训等。

【知识拓展】IEC常任理事国

2011年10月28日，在澳大利亚召开的第75届IEC大会正式通过了中国成为IEC常任理事国（以下简称IEC"入常"）的决议。IEC"入常"是继2008年成为国际标准化组织（ISO）常任理事国之后，我国在国际标准及合格评定活动中取得的又一次历史性的重大突破。

什么是IEC常任理事国？

IEC将IEC正式成员分为A组成员与非A组成员，其中A组成员，即常任理事国，由德国、美国、日本、法国、英国和中国共6个国家委员会组成。

为什么担任IEC常任理事国对于中国意义重大？

时任IEC秘书长兼首席执行官阿米特在中国"入常"时曾说过："是不是常任理事国，别人对你的看法是不同的。作为常任理事国，你说的话别人就容易听进去，分量是完全不一样的。"IEC常任理事国不仅可以成为IEC理事局（现IEC局）的常任成员，还可以成为IEC标准管理局和合格评定局的常任成员。这意味着IEC常任理事国将无须竞选便可以连续担任IEC这三个重要管理机构的成员，对IEC规则、政策的制定，重大事务的决策和国际标准技术机构管理工作将发挥积极影响。在享受权益的同时，也需要承担更大的责任和义务。IEC六大常任理事国需承诺对IEC长期投入，承担至少50%IEC总会费，全面支持并积极参与IEC活动，为其他国家委员会树立榜样。

入选常任理事国的要求十分严格，申请条件包括：国家委员会应是IEC技术委员会、分技术委员会或系统委员会中至少60%的积极P成员；至少有200名专家参与IEC活动；至少担任2个技术委员会秘书处；国内的认证机构应至少有40%工作涉及IEC四大合格评定体系；在过去5年中，国家委员会应至少主办20次技术委员会、分技术委员会或系统委员会全体会议，并在其申请前的15年内至少主办1次IEC大会，或计划在未来3年内主办1次IEC大会等。

2. IEC 技术机构身份

IEC 技术机构是 IEC 在一定的专业领域内组织国际标准制定、修订的技术组织,包括技术委员会(Technical Committee,TC)、分技术委员会(Subcommittee,SC)、项目委员会(Project Committee,PC)和系统委员会(System Committee,SyC)。参加 IEC 技术机构的身份有积极成员(Participating Member,P 成员)和观察成员(Observing Member,O 成员)两种。

P 成员:可以参加各项活动,有投票权。在与国家经济和社会发展关系重大的领域,能够保证履行相关义务,按照 IEC 工作要求出席国际会议(包括以通信方式参加)、及时处理国际标准草案投票等有关事宜的,应申请成为 P 成员。

O 成员:可以观察员身份参加所有会议,并在其自行选择的 4 个技术委员会或分技术委员会里,享有充分的表决权。不具备成为 P 成员条件的,可申请为 O 成员。

我国鼓励国内技术对口单位以 P 成员身份参加国际标准化工作。参加 IEC 的技术机构的成员身份,由国内技术对口单位提出建议,由国务院标准化主管部门国家标准化管理委员会,以 IEC 中国国家委员会的名义统一向 IEC 申报。

3.1.3 IEC 宗旨

IEC 的愿景:为了创建一个更加安全、高效的世界,IEC 无处不在。

IEC 的使命:实现全球使用 IEC 国际标准和合格评定服务,保证电气、电子和信息技术的安全、效率、可靠、互操作,进而加强国际贸易、促进广泛电力接入并创建一个可持续的世界。

IEC 的价值观:诚信、包容、独立、进取。

3.2 IEC 治理架构

当前高科技的迅猛发展,在带来生产力不断进步的同时,还带来了整个社会的深刻变革。以新能源、人工智能、新材料、生物医药、数字经济等为代表的战略性新兴技术正在不断地创造新产业和新业态,重塑人类生活方式和产业发展模式,将引发全球技术和产业分工格局的重大调整,甚至改变世界竞争格局。这对拥有百年历史的 IEC 机构全球治理提出了更高的要求。我国自 2020 年履职 IEC 主席起，就全面开展 IEC 机构治理改革，致力于将 IEC 的治理架构变得更加灵活、更为高效、更能适应战略新兴技术及未来产业发展趋势，为 IEC 未来发展奠定坚实基础，贡献更多的中国方案。

3.2.1 治理改革过程

2021 年，IEC 成立治理改革小组，由时任主席舒印彪担任召集人，来自中国、比利时、瑞士、印度、加拿大、美国、澳大利亚、墨西哥、英国、德国、芬兰等 12 个国家的 15 名成员代表组成了治理改革小组，包括 IEC 秘书长、3 位 IEC 秘书处秘书、三大业务管理局(标准管理局、市场战略局和合格评定局)代表、3 名 IEC 理事局(现 IEC 局)成员、4 名国家委员会(NC)代表，详见表 3-1。

表 3-1 IEC 治理改革小组成员

角色	姓名	国籍
IGTF 主席 （IEC 主席）	Dr Yinbiao SHU	中国
IGTF 成员	Mr Kareen Anne RILEY-TAKOS	澳大利亚
	Mr Colin CLARK	加拿大
	Mr Chenguang GUO	中国
	Mr Roland BENT	德国
	Mr Gilles NATIVEL	法国
	Mr Shoji WATANABE	日本
	Mr Rafael Luis NAVAY URIBE	墨西哥
	Mr Paul COEBERGH VAN DEN BRAAK	荷兰
	Mr Tore TOMTER	挪威
	Ms Ewa ZIELINSKA	波兰
	Mr Peter LEONG	新加坡
	Mr Scott STEEDMAN	英国
	Mr Kevin J. LIPPERT	美国
IGTF 秘书 （IEC 秘书长）	Mr Philippe METZGER （Mr Gilles THONET 协助）	

3.2 IEC 治理架构

该轮治理改革准则主要包括：

(1) 精简和明确决策机构的结构和职责。

(2) 以明确的任务、高效的工作流程和精心设计的互操作性加强咨询机构建设。

(3) 将大部分咨询职能整合到一个机构实体中。

(4) 形成清晰、连贯且有据可查的决策路径。

(5) 在决策机构成员组成不变的情况下，加强非 A 组(非 IEC 理事会)成员在咨询机构结构中的影响力。治理改革准则与 IEC 法规和程序规则中"尊重透明度、包容性、多样性和平等机会"等原则一致。

IEC 原治理架构见图 3-1。

2021 年至 2022 年间，IEC 治理改革小组组织召开 18 次工作组全体会议，完成面向 62 个成员的问卷调查和 29 次高层访谈，确定了新的 IEC 治理构架方案和实施路线图。新的治理机构综合考虑各成员和相关利益方的意愿，进一步优化了管理流程，提升了决策效率，使 IEC 机构的管理方式更加灵活敏捷，能更加迅速地响应市场技术发展趋势，进而更好地应对不断出现的新挑战。

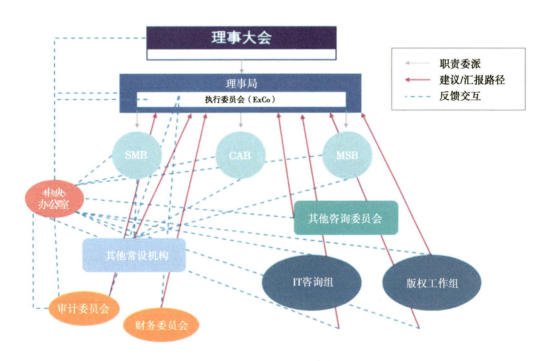

图 3-1　IEC 原治理架构

3.2.2　IEC 新治理架构

2022 版 IEC 治理架构主要包括 IEC 全体大会、IEC 局、业务管理局、咨询机构、独立机构(监督)和 IEC 中央秘书处(见图 3-2)。

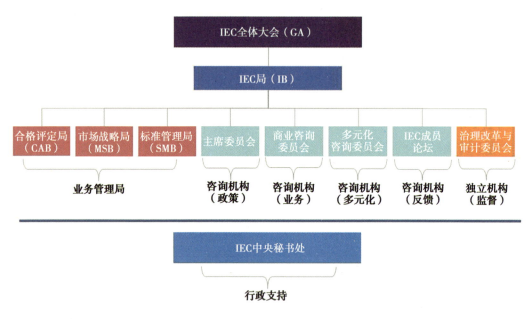

图 3-2　IEC 治理架构(2022 版)

(1)IEC 全体大会(General Assembly，GA)是 IEC 的最高权力机构和立法机构,是国家委员会的全体大会,负责制定 IEC 政策和长期战略目标。全体大会将 IEC 所有工作的管理和监督委托给 IEC 局。

(2)IEC 局(IEC Board，IB)是 IEC 中央决策机构,IEC 的核心执行机构,向全体大会报告相关工作。

IEC 局成员由 9 名无表决权的官员和 15 名当选成员组成,IEC 主席担任 IEC 局主席,IEC 局每位成员对 IEC 及其他成员负有信托责任。

①9 位 IB 官员,由 IB 主席、秘书、秘书处行政官员以及 6 位当然成员①组成,当

---

①　当然成员(ex officio member),通常用来描述某人担任某个职务或职位时,自动地获得的附带权力或地位。当然成员通常具有特定的权力和责任,以确保他们能够有效履行其职责,但这些权力通常与他们的原始职务有关。例如 IEC 主席、副主席、秘书长等不需要额外的选举或提名程序,就自动成为 IB 的一员。

然成员包括IEC卸任主席、IEC主席、3名副主席、司库和秘书长。

②15名IB当选成员，由6名A组成员和9名非A组成员组成，其中本届来自意大利、新加坡、加拿大、奥地利非A组成员国的成员任期为2022—2024年，来自韩国、澳大利亚、哥伦比亚、印度、瑞典非A组成员国的成员任期为2024—2026年。

（3）业务管理局包括市场战略局（MSB）、标准管理局（SMB）和合格评定局（CAB），分别负责IEC三大支柱业务开展。

市场战略局（Market Strategy Board，MSB）负责识别、研究并确定IEC活动领域的主要技术趋势和市场需求，最大限度地依据主要市场信息化来制定发展战略，为IEC的技术标准化和合格评定工作明确优先事项，从而提升IEC对创新和快速发展的市场需求的响应能力。

标准管理局（Standardization Management Board，SMB）负责建立和解散IEC技术委员会/分技术委员会，确定其工作范围、标准制定和修订时间，并保持与其他国际组织的联系等。

合格评定局（Conformity Assessment Board，CAB）负责全面管理IEC的合格评定工作，并与其他国际组织就合格评定事项保持联系；制定IEC的合格评定政策，促进和维护与国际组织在合格评定事项上的合作关系，创建、修改和解散合格评定系统，监管合格评定体系运作等。

（4）咨询机构包括主席委员会、商业咨询委员会、多元化咨询委员会和IEC成员论坛。

主席委员会（President's Committee，PresCom）对IEC最佳运作等至关重要的事项向IEC局提供建议和支持，主要包括：在国际、区域和国家层面促进和宣传IEC活动，促进IEC局与向其报告的机构之间的有效沟通、协调和互动，就秘书长的聘用、监督和评估提出建议或承担IEC局委托的任务等。主席委员会由IEC官员组成，并由IEC主席主持。

商业咨询委员会（Business Advisory Committee，BAC）在IEC局授权下开展财务规划、商业活动、信息化建设等工作。商业顾问委员会包括4名IEC局成员、15名国家委员会成员和官员。

多元化咨询委员会（Diversity Advisory Committee，DAC）负责根据要求向IEC局提出指导意见，以便指导向IEC局提出报告的其他机构的成员遴选过程。相关指南内容包括技能和能力矩阵、最优的多样性绩效指标，以及相关监测措施建议。此类指南和建议条款也应提供给国家委员会，供其在提名时参考，包括推选IEC局成员资格。DAC制定的任何指南都应提交 IEC 局批准。DAC 由 1 名主席、3 名 A 组成员国成员和 3 名非 A 组成员国成员组成。

IEC 成员论坛(IEC Forum，IF)是供各国家委员会的秘书、经理和主要行政人员就感兴趣的问题和事项交流意见的合作平台，酌情与 IEC 局及向 IEC 局报告的其他机构进行沟通并提供反馈。

(5)治理改革与审计委员会(Governance Review and Audit Committee，GRAC)是一个咨询小组，协助对 IEC 的治理进行独立监督，确保 IEC 财务安全和合规性，尽可能减少当前财务运营中的潜在风险，并向 IEC 局提出建议。GRAC 由 1 名主席、3 名 A 组成员国成员和 3 名非 A 组成员国成员组成。

(6)IEC 中央秘书处负责 IEC 的运作，提供实现 IEC 目标所需的支持职能。IEC 中央秘书处设在瑞士日内瓦，在秘书长的指导下工作。

3.3　IEC 战略规划

IEC 战略规划最初叫作总体规划(Master plan)，自 1992 年开始制定(见图 3-3)，IEC 总体规划每 4~6 年进行一次修订。主要版本有 1996 年版、2002 年版、2006 年版、2011 年版和 2017 年版。

图 3-3　1992 年 IEC 执行委员会成员共同讨论第 1 版 IEC 总体规划

3.3.1 新战略规划制定过程

为了推动 IEC 总体规划更好地实施，2019 年起 IEC 理事局专门成立了 IEC 总体规划实施计划特别工作组（见表3-2），通过这个工作组的研究，发现 IEC 战略规划实施得并不理想，因为战略规划和实施计划都是自上而下制定的，并没有充分反映广大 IEC 相关利益方的标准化需求。

表 3-2　IEC 战略规划工作组成员

角色	姓名	时任职务	国籍
召集人	Mr. Jo COPS	司库	比利时
成员	Mr. Philippe METZGER	秘书长	瑞士
	Mrs. Katharine FRAGA	管理咨询委员会主任	英国
	Mr. Peter LANCTOT	市场战略局秘书	美国
	Mr. David HANLON	合格评定局秘书	瑞士
	Dr. Gilles THONET	标准管理局秘书	比利时
	Dr. Jianbin FAN	市场战略局成员	中国
	Mr. Vimal MAHENDRU	标准管理局成员	印度
	Mr. Shawn PAULSEN	合格评定局成员	加拿大
	Mr. Kevin J. LIPPERT	理事会成员	美国
	Dr. Ian OPPERMANN	理事会成员	澳大利亚
	Mr. Juan ROSALES	理事会成员	墨西哥
	Dr. Scott STEEDMAN	A 组国家委员会代表	英国
	Mr. Michael TEIGELER	A 组国家委员会代表	德国
	Dr. Anna TANSKANEN	非 A 组国家委员会代表	芬兰
	Dr. Mkabi VALCOTT	非 A 组国家委员会代表	加拿大

为了应对当今数字化、低碳化等诸多全球挑战，IEC 理事局决定成立 IEC 战略规划工作组，由 IEC 官员、三大业务管理局和成员国代表组成。工作组在 IEC 总体规划实施计划的基础上，结合数字化转型、联合国可持续发展目标等内容，组织 IEC 主要机构，研究未来变革趋势，采用自下而上和自上而下相结合的方式，制定新的 IEC 战略规划。

这次战略规划是 IEC 首次制定面向未来十年的规划，意义非常重大。

IEC 新战略规划的制定过程如下：

(1) 相关利益方分析：包括主要利益方和次要利益方。其中，IEC 的主要利益方有工业界、制造业、成员国、政策与监管机构，次要利益方包括其他国际组织、研究院所等。

(2) 制定战略主题：在识别完 IEC 相关利益方的基础上，开展战略主题的研究，通过分组讨论，将零碳、能源转型、全电社会、循环经济等重要内容列入了 IEC 战略主题。

(3) 确定优先战略主题：根据战略主题细分具体战略目标，然后再制定详细的实施方案。

3.3.2 新战略规划核心内容

经过反复论证，IEC 战略规划工作组最终确定了 IEC 新的三大战略主题与九大战略目标，如表 3-3 所示。

作为 IEC 新战略规划的重要组成部分，市场战略局(MSB)、标准管理局(SMB)和合格评定局(CAB)均制订相应的运行计划(Operational Plan)，以确定各自短期、中期的具体活动计划，推动 IEC 新战略规划下"三大战略主题"和"九大战略目标"的实现。

表 3-3　IEC 三大战略主题和九大战略目标

三大战略主题		九大战略目标
Ⅰ 建成数字化的全电社会	1	为一个安全且有保障的数字社会制定标准和合格的评定方案
	2	制定和推广能够满足不断变化的市场和会员需求的 SMART 标准和合格评定
	3	加强 IEC 标准和合格评定的作用，以形成一个全电的互联社会
Ⅱ 助力世界可持续发展	4	通过 IEC 标准和合格评定建设一个高效、安全、可持续的世界
	5	为零碳、循环经济和可持续发展提供解决方案和服务，以实现联合国可持续发展目标
	6	为提高能效、实现可再生能源转型和建设下一代电力系统而努力

续表

三大战略主题		九大战略目标
III	建立信任、包容的协作平台	7 与合作伙伴和利益相关者合作,促进可持续全球电工技术贸易,提高IEC标准和合格评定服务的使用效率和扩大其影响
		8 纳入良好的治理和实践,以提高组织卓越性并满足利益相关者的需求
		9 建立一个包容、多样化、创新、灵活的组织

3.3.3　新战略规划运行计划(2022—2024年)

1. 标准管理局(SMB)运行计划

(1) 识别安全标准化的空缺;
(2) 推进、研究和验证机器可读标准概念;
(3) 开展对MSB确定的新技术/新兴技术的标准制定;
(4) 确定可持续性标准化的空缺;
(5) 建立鼓励同行组织的参与程序;
(6) 加强与ISO技术管理局(TMB)的合作;
(7) 标准制定过程更多地考虑性别问题;
(8) 实施敏捷和灵活的标准开发。

2. 市场战略局(MSB)运行计划

(1) 制定数字化转型(传感器、电动交通)的趋势报告;
(2) 开展碳中和方面的技术展望和研讨会;
(3) 编制白皮书、报告(能源转型/效率、新型电力系统);
(4) 开展技术展望(循环经济、电子废弃物处理、固废发电);
(5) 确定新的细分市场和产品创新路线图。

3. 合格评定局(CAB)运行计划

(1) 扩展现有的IEC合格评定服务;

(2) 探索 IEC 合格评定新服务的机会;
(3) 提升合格评定服务的数字化程度;
(4) 制定电气化、减少电子废物、能源测试的方案;
(5) 制定提升监管者和新专家参与度的方案;
(6) 促进与相关组织的合作交流。

3.4 市场战略研究

3.4.1 MSB 职责和任务

IEC 市场战略局(Market Strategy Board,MSB)的主要职责是识别和研究 IEC 活动领域的主要技术趋势及市场需求。MSB 与 CAB 和 SMB 以及向 IEC 局报告的其他相关机构合作。MSB 可以设立特别工作组(SWG),以深入调查某些主题或制定专门文件,特别工作组的召集人和成员由 MSB 任命。MSB、CAB 与 SMB 及各相关方的关系如图 3-4 所示。

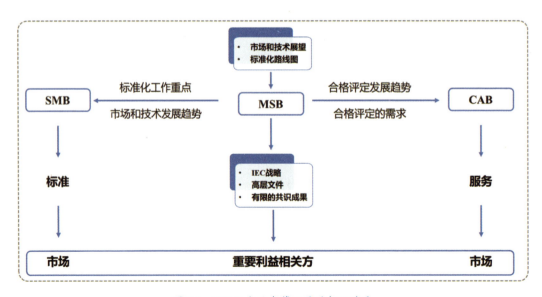

图 3-4　IEC 三大业务管理局的相互关系

MSB 的主要职责任务包括：

(1) 从行业中任命高级技术官员及 IEC 官员作为 MSB 成员，每年至少召开一次会议。

(2) 根据市场和技术趋势向 IEC 局提供战略建议。

(3) 预判 IEC 相关领域的未来技术发展趋势，提供有关快速发展的市场趋势、行业趋势、技术和环境发展的内部和外部前沿信息。

(4) 成立特别工作组(SWG)深入调查研究某些主题或制定专门的文件。

3.4.2 MSB 组织架构

MSB 的成员由主席、秘书、行政官员、当然委员和专家成员组成。专家成员由 15 名各国产业顶级专家组成，来自电力系统、电力政策、ICT、智能家居等领域，其中中国成员包括 IEC 国际标准促进中心(南京)的范建斌博士和海尔公司的舒海博士。

MSB 成立于 2008 年 11 月。成立之初，MSB 召集人(Convenor)为 MSB 负责人。2022 年 IEC 治理体系改革后，MSB 负责人由召集人改为主席并担任 IEC 副主席。MSB 创立者兼首任召集人为恩诺·利斯(Enno Liess)，我国舒印彪院士曾于 2012 年至 2018 年期间任 IEC MSB 第二任召集人。

为加强对新兴领域市场和技术趋势的研究，MSB 一般会成立特别工作组，并任命特别工作组的召集人和成员牵头组织开展相关工作。

截至 2024 年 5 月，现共有 7 个活跃的特别工作组：

1. 社会和技术趋势工作组(SWG 8)

该特别工作组的主要任务是为 IEC 明确社会和技术发展趋势，作为 MSB 在总体规划实施战略中角色的一部分。

2. 运营计划 KPI 工作组(SWG 12)

该特别工作组主要负责实施 MSB 运行计划，以达成运行计划的愿景，并满足 IEC 战略计划的目标。

3. 二氧化碳排放证书计划工作组(SWG 13)

该特别工作组主要任务是确定建立 IEC CO_2 排放认证计划的可行性和实际方法。

4. MSB 市场和技术路线图工作组(SWG 16)

该特别工作组的主要任务是在不同工业领域之间的界限逐渐消失的基础上,概述 2025 年市场和技术的战略主题和主要趋势。

5. 支持未来能源系统的数字云工作组(SWG 18)

该特别工作组负责制定一份题为《支持未来能源系统的数字云》的白皮书,旨在预测未来的市场需求,以对全球能源系统中数字孪生技术的使用进行基准测试,同时辨识当前和未来的挑战。根据项目团队领导的研究,白皮书将向 IEC 及其利益相关者提出建议。

6. 新兴光伏材料与技术工作组(SWG 19)

该特别工作组负责制定一份新兴光伏材料技术趋势报告,通过开展对钙钛矿太阳能电池技术的发展历史、现状以及未来发展趋势等多方位的研究,探讨钙钛矿太阳能电池在光伏等行业的应用场景,提出相关国际标准化活动建议。

7. 行业视角下的元宇宙工作组(SWG 20)

该特别工作组负责制定一份元宇宙技术趋势报告,通过描述元宇宙技术面临的问题、经济和商业模式、价值主张,以及如何从市场和行业视角下应对元宇宙标准化工作的挑战。该报告计划提出以下建议:元宇宙技术及其互操作性如何为行业提升价值,以及市场如何支撑元宇宙技术发展等。

3.4.3 主要交付成果

近年来,市场战略局(MSB)加快了新兴领域战略研究步伐,取得了极为丰硕的成果,陆续发布了以《以可再生能源为主体的零碳电力系统》为代表的一系列白皮书、技术报告和展望报告,为相关领域的标准技术委员会成立及后续标准评估与制定指明了方向。

1. 白皮书(White Paper)

白皮书是 IEC 发布的官方文件,由市场战略局的专家组织编写,围绕技术趋势、市场需求、行业挑战和解决方案等，向利益相关者提供权威、可靠的信息和指导，促进电工领域技术发展和标准化，并为各国制定政策提供依据。表 3-4 中是 IEC 已发布的技术白皮书。

表 3-4　IEC 已发布的技术白皮书

序号	名称	发布时间
1	2010—2030 年应对能源挑战	2010 年 9 月
2	电能存储	2011 年 12 月
3	大容量可再生能源接入电网及大容量储能的应用*	2012 年 10 月
4	灾害预警和应急微网—电力不间断供应	2014 年 3 月
5	物联网：无线传感器网络*	2014 年 11 月
6	智慧城市报告	2014 年 11 月
7	电网资产战略管理	2015 年 10 月
8	未来工厂	2015 年 10 月
9	全球能源互联网*	2016 年 10 月
10	IoT 2020：智能安全的物联网平台	2016 年 10 月
11	边缘计算*	2017 年 09 月
12	跨行业的人工智能*	2018 年 10 月
13	分布式电力未来的稳定电网运行	2018 年 10 月
14	语义互操作性：数字化转型时代的挑战	2019 年 10 月
15	未来安全	2020 年 11 月
16	量子信息技术	2021 年 10 月
17	以新能源为主体的零碳电力系统*	2022 年 10 月
18	面向能源智能型社会的功率半导体	2023 年 10 月

＊表示该白皮书由中国主导发起。

第3章 国际电工委员会

> **【范例】《以可再生能源为主体的零碳电力系统》白皮书**
>
> 《以可再生能源为主体的零碳电力系统》白皮书由来自IEC国际标准促进中心（南京）主任、IEC市场战略委员会成员范建斌博士担任项目发起人，团队成员包括来自世界各地的电力企业、标准组织和设备供应商的专家代表，该项白皮书于2022年10月4日正式发布。
>
>
>
> 目前，全球130多个国家已承诺实现净零碳排放目标，这一挑战对一个国家的电力系统具有深远的影响，将需要政策和法律、法规、标准化和技术领域的广泛利益相关者的共同努力。鉴于实现零碳未来所面临的广泛变化和技术挑战，零碳电力系统需要一系列新标准，以确保可靠、高效和韧性的电力系统运行。该白皮书从零碳电力系统的定义、推动电力系统向净零过渡的驱动因素、实现零碳电力系统的必要性、实现零碳电力系统过程中的关键技术和挑战、发展零碳电力系统需要的标准化工作等多个方面对零碳电力系统进行了介绍，最后根据相关文件、政策和研究成果，向IEC和更广泛的利益相关方展示了研究成果并给出了相关建议。

2. 社会与技术趋势报告（Society and Technology Trend Report）

社会与技术趋势报告，由市场战略局下社会与技术趋势工作组（STTWG）编制，用倒推法收集和分析新兴技术趋势，为IEC受众提供新技术领域的相关信息。

> **【范例】《未来电网智能传感》社会技术趋势报告**
>
> 《未来电网智能传感》社会技术趋势报告由范建斌博士发起，来自武汉大学新型电力系统与国际标准研究院、南方电网数字电网研究院有限公司、智联新能电力科技有限公司、中国电力科学研究院、南方电网科学研究院、国网智能电网研究院等科研院所的专家代表共同编写完成。

3.4 市场战略研究

该报告介绍了在当前能源革命与数字革命相融并进的背景下，电力智能传感技术对于加快电力系统数字化转型、构建以新能源为主体的新型电力系统的重要作用。通过连接电力系统的物理空间与数字空间，能够显著加强电网协调控制能力，促进多元用户供需互动，提升电力需求侧管理水平和设备智能化水平。

3. 技术和市场展望报告（Technology and Market Outlook Paper）

技术和市场展望报告，由市场战略局成员个人发起，侧重于特定主题，对标准开发及科研相关人员提供指导。

自2022年，在IEC牵头发布《以可再生能源为主体的零碳电力系统》白皮书以来，我国在此框架下先后开展《多源固废能源化：固废耦合发电系统》《多能智慧耦合能源系统》《智慧水电》三本技术市场展望报告和《未来电网智能传感》《新兴光伏材料和技术》两本社会技术趋势报告的编制工作，为战略性新兴产业及未来产业领域的国际标准制定提供更多的"中国方案"。

【范例】《多源固废能源化：固废耦合发电系统》技术展望报告

《多源固废能源化：固废耦合发电系统》技术展望报告由范建斌博士担任项目发起人，报告于2022年9月16日发布。

城市多源固废耦合发电是指从城市固体废物特别是有机固体废物中回收能源的技术。通过各种技术手段，如热处理、热化学处理和生物化学处理，将剩余能量作为各种能源产品进行回收。此外，多源固废耦合发电技术是目前成熟的能源供应来源之一。随着科学技术的不断进步，先进的发电技术和城市生活垃圾处理技术(也称为与城市生活垃圾的耦合发电)的融合,将在解决日益增长的城市固体废物问题方面发挥更重要的作用。此外,这种整合将改善发电系统,并有助于实现零碳路线图。总之,它是实现未来可持续发展目标的潜在技术。

该报告总结了多源固废耦合发电的现有技术和应用,重点介绍了多源固废耦合发电技术的现状、挑战和标准化。本报告致力于实现联合国可持续发展目标,阐明IEC标准和合格评定体系的作用和价值。

3.5 国际标准制定

标准管理局(Standardization Management Board,SMB)是IEC的决策机构,承担IEC标准管理工作,下设咨询委员会、系统工作、战略组以及特别工作组等,负责建立和解散IEC技术委员会/分技术委员会,确定其工作范围、标准制定修订时间,并保持与其他国际组织的联系等。

SMB由1名主席(IEC的1名副主席)、IEC秘书长、IEC局选举的15位成员及国家委员会任命的候补成员组成。主席由IEC局选举产生,任期3年,可连任1届。通常情况下,SMB每年召开3次会议。

3.5.1 咨询委员会

SMB下设6个咨询委员会(Advisory Committees),分别为环境问题咨询委员会(ACEA)、电磁兼容性咨询委员会(ACEC)、能源效率咨询委员会(ACEE)、安全咨询委员会(ACOS)、信息安全和数据隐私咨询委员会(ACSEC)、输配电咨询委员会(ACTAD)。在各自领域里,各咨询委员会为IEC技术工作提供咨询、指导和协调,以确保一致性。咨询委员会成员由SMB任命,由技术委员会代表、国家委员会在相关特定领域提名的专家组成,并与其他有关技术委员会保持密切联系。

3.5.2 系统工作

在许多新兴市场中,特别是一些涉及大规模基础设施的领域,存在对技术的多样性及融合性的需求,因此需要一种自上而下的标准化方法,从系统或系统架构层面,而非产品层面开展标准化相关工作。因此,系统工作将在技术层面定义和加强系统方法,以确保 IEC 能够满足高度复杂的市场需要。下设机构包括标准化评估组(SEG)和系统委员会(SyC)。

1. 标准化评估组

标准化评估组(Standardization Evaluation Groups,SEG)负责确定新的技术领域,预测需要用系统方法来应对新兴市场及技术,定义并实施增加技术委员会/分技术委员会(TC/SC)运作功能的方法,提升跨技术委员会工作范围的问题协调性。截至 2024 年 5 月共有 2 个标准化评估组,分别为生物数字融合标准化评估组(SEG 12)和极端气候、环境和灾害条件下的电气设备标准化评估组(SEG 13)。

生物数字融合标准化评估组(SEG 12):调查当前的研究和技术活动,确定关键挑战,并提出生物数字融合领域的标准化路线图。针对现有标准和与生物数字融合相关的未来标准的需求,与 TC/SC/SyC(包括 JTC 1 和 ISO)以及其他市场和政策相关组织开展合作,并向 SMB 提出建议。

极端气候、环境和灾害条件下的电气设备标准化评估组(SEG 13):根据全球研究进展和技术需求调查标准化需求,调研该领域的技术能力与应用现状,采用系统方法综合评估基础设施与设备的耐用性。与 TC/SC/SyCs 以及其他组织(包括 ISO)开展合作,审查 IEC 中现有的相关标准,并发现标准化偏差。

2. 系统委员会

系统委员会(System Committees,SyC)负责涵盖一个或两个以上的技术委员会/分技术委员会的交叉领域的标准化工作,拓展战略小组或其他横向小组的运用与协调。截至 2024 年 5 月共有 7 个系统委员会,分别为主动辅助生活系统委员会(SyC AAL)、通信技术和架构系统委员会(SyC COMM)、用于电力接入的低压直流电和低压直流电系统委员会(SyC LVDC)、可持续电气化交通(SyC SET)、智能制造系统委员会(SyC SM)、智慧城市系统委员会(SyC Smart Cities)、智慧能源系统委员会(SyC Smart Energy)。

主动辅助生活系统委员会(SyC AAL)：考虑市场演变的影响，制定积极辅助生活的愿景。通过促进标准化工作，实现 AAL 系统和服务的可用性和可访问性，实现 AAL 系统、服务、产品和组件的跨供应商互操作性，并解决安全、保密和隐私等系统层面的问题。

通信技术和架构系统委员会(SyC COMM)：旨在通过通信技术和架构领域的发展，来促进 IEC 中与通信技术相关活动的融合，SyC COMM 同时还促进 IEC 与其他标准开发组织及行业联盟在该领域开展交流工作。

用于电力接入的低压直流电和低压直流电系统委员会(SyC LVDC)：旨在为低压直流电和低压直流电接入领域提供系统级标准化、协调和指导。在 IEC 社区和更广泛的利益相关者社区内广泛咨询，为 IEC 的 TC 及其他标准开发组织提供整体系统级价值、支持和指导。通过强调制定电力接入标准的紧迫性，来实现所有社区的包容性发展。

可持续电气化交通(SyC SET)：为可持续电气化交通的整体系统和基础设施方面提供端到端和跨部门的系统级协调与指导。SyC SET 涵盖包括公路和非公路交通在内的所有类型的 SET。促进 IEC 在该领域的整体工作计划的协调，并促进 IEC、ISO 和其他标准化组织之间的深入合作；SyC SET 还将促进交通、汽车、能源、电信和其他相关行业在该领域的标准化工作协作。

智能制造系统委员会(SyC SM)：在智能制造领域提供协调和建议，并促进与协调 IEC 与其他标准化组织及联盟在智能制造领域的活动。

智慧城市系统委员会(SyC Smart Cities)：通过促进电工技术领域标准的发展来协助城市系统的集成、互操作性和有效性。促进 TC/SC、SyC 与其他标准组织之间在城市系统标准方面的协作和系统思考；通过系统分析来确定标准需求，并评估与城市系统相关的新工作项目提案(NWIP)；适时制定系统标准，并向现有 SyC、TC/SC 和其他标准组织提供建议。

智慧能源系统委员会(SyC Smart Energy)：旨在推动智慧能源领域标准化，以便为智能电网和智慧能源领域提供系统级标准化、协调及指导，其中还涉及与供热和燃气领域的互动。该委员会与智慧城市、系统资源组等相关部门保持联络和合作。

3.5.3 战略小组

SMB 成立战略小组(Strategic Groups，SG)，以研究 IEC 在特定领域的新举措，并通过以下方式制定建议：

（1）分析其所在领域的市场和行业发展；

（2）了解/技术委员会/分技术委员会（TC/SC）所关注的事宜；

（3）分析TC/SC活动的当前水平，并确定未来需要开展哪些活动；

（4）必要时，为TC/SC确定工作架构；

（5）监督TC/SC工作开展，协调工作重叠及潜在不一致之处。

截至2024年5月，SMB共有4个战略小组，分别为热门话题雷达研究组（SG 11）、数字化转型和系统方法研究组（SG 12）、联盟合作研究组（SG 13）和全电气化互联社会（SG 14）。

热门话题雷达研究组（SG 11）通过定义和实施流程来完成如下任务：评估由MSB或其他来源确定为新机会的主题；维护和共享热点话题列表，并跟踪相关信息；提供针对未来主题与TC/SC/SyCs进行交互的平台。

数字化转型和系统方法研究组（SG 12）：在数字化转型方面定义与IEC及其标准化活动相关的内容，并为国际标准化制定数字化转型方案。作为IEC的数字化转型和系统方法的能力中心，它为所有IEC委员会提供相关专业知识和咨询服务，并基于新兴趋势、技术和实践来确定需要开发、交付和使用的IEC工作及需求。

联盟合作研究组（SG 13）负责IEC与联盟之间的合作，包括：制订战略外展计划，通过全国委员会委员；确定可能适合与IEC合作的联盟；通过制定和维护指导方针等文件来支持与联盟合作；在SMB的支持下跟踪和监控联盟的相关活动，并制定和维护合作模式路线图。

全电气化互联社会（SG 14）：向IEC提供有关全电气化互联社会主题的指导和解释；进一步监测和分析市场、研发和行业发展与趋势；与IEC秘书处、相关TC/SC、其他标准开发组织、论坛和联盟、监管机构和非政府组织保持联系，交流全电气化互联社会领域的信息和经验，适时向SMB提供下一步发展建议。

3.5.4　特别工作组

SMB还设有特别工作组（Ad-Hoc Groups，ahG），研究某一特定问题，正式提交报告后应自动解散。截至2024年5月共有1个特别工作组，即人工智能治理特别工作组（ahG 96）。

人工智能治理特别工作组(ahG 96)：总结人工智能研讨会的技术成果，协调人工智能领域和数字化转型领域标准化工作，提出IEC关于人工智能领域的宣传和工作方案，确定SMB在人工智能治理及其潜在技术方面的工作优先事项，为SMB提出一系列初步的人工智能活动和项目等。

3.5.5 技术委员会

IEC技术委员会包含技术委员会(TC)和分技术委员会(SC)。主要职责是在某个既定的专业领域内从事标准的编制工作，以及开展与标准编制有关的活动，对于制定相关领域的国际标准发展战略、确定未来标准化工作计划和分工、协商各国意见和冲突当中起着决定性作用。

技术委员会(TC)由IEC标准管理局(SMB)负责建立、解散。分技术委员会(SC)的建立和解散须由参加投票的上级技术委员会中P成员的2/3多数决定。经IEC标准管理局认可，并且某个国家成员体表示愿意承担秘书处时，方可建立分技术委员会(见图3-5)。技术委员会和分技术委员会负责开展标准制定相关具体工作。

图3-5　IEC常任理事国承担TC/SC/SyC秘书处数量(截至2024年5月)

IEC现有技术委员会(TC)114个、分技术委员会(SC)102个，下设工作组(WG)723个、项目组(PT)199个、维护组(MT)666个。

3.6 合格评定

合格评定源自工业革命及贸易的需要,并随着国际贸易的发展而发展。随着工业革命推动大规模生产,产品的互换性和质量一致性变得至关重要。而随着国际贸易的不断发展,传统的抽验检验的模式已经无法满足国际贸易发展的要求,必须提高产品合格评价的效率,降低产品交易的成本,随之产生了合格评定的概念,通过对产品一致性的控制及国际互认来促进国际贸易。

3.6.1 合格评定简介

1. 合格评定的定义

"与产品、过程、系统、人员相关的特定要求得到验证。"

——ISO/IEC 17000 一致性评估-词汇和一般原则

"商业顾客、消费者、用户和政府官员对产品和服务的质量、环保、安全性、经济、可靠性、兼容性、可操作性、效率和有效性等特征都有期望,证明这些特征符合标准、法规及其他规范要求的过程称为合格评定。"

——ISO 和联合国工业发展组织联合出版的《合格评定建立信任》

合格评定(Conformity Assessment)最早由国际标准化组织(ISO)提出。1985 年,ISO 将其设立的认证委员会改名为合格评定委员会,标志着合格评定概念的正式确立。

1985 年,ISO 理事会将其所设立的认证委员会改名为合格评定委员会,但当时没有给出合格评定的定义。为了与 ISO 相适应,1994 年 GATT 修改其《贸易技术壁垒协议》(TBT)中的认证制度为合格评定制度,扩展了认证制度的内容,并给出了合格评定程序的具体定义。可见,认证是合格评定程序的前身,也是合格评定程序的主要内容,而且有时认证仍被视为合格评定程序的同义词。

合格评定制度包括认证制度、检测制度和检查制度等,以及对它们的认可制度。

认证、检测和检查的对象是产品、过程、体系、人员等,而认可的对象是从事认证、检测和检查活动的机构,通常称为认证机构、实验室和检查机构,统称为合格评定机构。从事认可活动的机构称为认可机构。

2. 国际标准与合格评定的关系

根据世贸组织的定义,技术性贸易措施可概括为技术法规、标准和合格评定程序,具体含义如下:

(1)技术法规是指必须强制执行的、规定产品特性或与其有关的工艺过程和生产方法,包括适用的管理条款的文件。

(2)技术标准是指不必须强制实施的、由公认的机构核准、为产品或有关的工艺过程和生产方法提供准则或指南、供共同和反复使用的文件。

(3)合格评定程序是指任何用于直接或间接确定满足技术法规和标准有关要求的程序。

可以看出,合格评定程序和技术法规、技术标准有着密切的关系,从一定意义上说,合格评定程序是从属于技术法规和标准的。同时,技术法规和标准的实现有待于合格评定程序的执行。

国际标准化组织合格评定委员会(ISO/CASCO)主席约翰·唐那得逊(John Donaldson)在阐述标准和合格评定的关系时说:"没有标准,合格评定将是没有目的、没有意义的,但没有合格评定,标准的价值将受到限制,因而两者在促进国际贸易上是必不可少的。"

3. 合格评定的发展

合格评定的形成和发展是伴随着商品的交换而产生的。当代合格评定的前身,即质量认证工作已经经历了一个多世纪,19世纪末的新兴工业化国家,随着蒸汽机和电的发明,锅炉爆炸和电器失火事故的时常产生,当时普遍采用两种产品质量评价方式,第一种是由生产制造商采用自我声明的方式,标榜自己生产的产品质量安全可靠,第二种是由采购商验收货物的方式。

这两种方式均可能造成消费者的不信任。生产商(俗称第一方)来证明自己生产的产品如何优质显然不合适,由购买者(俗称第二方)来证明这些产品如何的优质也是不合适。因此,自然而然地就产生了由独立于买卖双方的第三方机构来从事这种活动。但是这类机构必须具有公正性、科学性和权威性。

因此,生产商纷纷要求国家立法,并建立可靠的第三方认证制度。一些工业化的国家建立起以本国法规标准为依据的国家认证制度,开始对本国和市场上流通的本国产品进行认证。20世纪初,英国标准化协会(BSI)率先建立了以英国标准为依据的"风筝标志"认证制度(见图3-6)。

图3-6　BSI"风筝标志"

这种制度的优越性使得其他发达国家纷纷效仿,经过认证的实践,这种制度不断改进、不断完善,逐步形成了认证体系,因此,这种认证制度已经成为各国质量监督的普遍做法,延续至今,体现了强大的生命力。这是认证制度的第一阶段的发展过程。

第二次世界大战之后至20世纪70年代,鉴于国家认证制度的局限性不适应国际贸易发展,认证制度又有了新的突破,国与国之间认证制度的双边、多边认可,进而发展到区域性认证制。此时认证制度进入了第二阶段的发展过程。从20世纪70年代起,认识别各国由于标准、检验、认证中存在差异而不相互承认,势必对商品流通带来不利影响,为了消除这种影响,ISO和IEC陆续联合颁布了有关合格评定一系列指导性文件,以指南的形式发布,世界各国均以此作为标准,这些指导性文件成为当时开展合格评定工作的依据和共同准则,这样的指南共有22个。

这一系列合格评定指南的颁发,为统一各国的认证制度,建立以国际标准为基础的国际认证制度开辟了道路。20世纪80年代后是认证制度第三个发展阶段,1982年IEC率先建立了IEC电子元器件合格评定体系(IECQ),不久之后又建立了IEC电工电子产品合格评定体系(IECEE)。IEC建立并运行的这两个体系,实现了科学的第三方评价制度与国际贸易的有效接轨,以认证结果的相互承认来促进和发展电子、电工领域的国际贸易。IECQ、IECEE指派专家评审组对认证机构、实验室等申请方进行现场评审,以证实其符合ISO/IEC合格评定指南、IECQ和IECEE程序规则的程度。IECQ和IECEE作为当时全球性的合格评定体系,以它高度的权威性、严谨的程序规则和科学的评价方法，形成了良好信誉，获得生产商（第一方）和购买者（第二方）的信任，得到国际市场认同。IEC发布的《IECQ产品、企业和服务注册名录》已成为国际市场上的采购指南，实现了"通过一次检验，一张证书，一种标志来达到产品在国际市场上的广泛承认"的目标。

1997年，ISO CASCO与IEC CAB开展了更广泛的合作，制定了一系列用于合格评定的国际化文件。经过多年来的努力，根据市场和用户的需要，它们已经编制了许多合格评定标准和指南，这些标准和指南已经成为当前国际合格评定的主要文件来源。

3.6.2　IEC合格评定体系

IEC合格评定局（Canformity Assessment Board，CAB）是IEC的决策机构，负责制定IEC的合格评定政策，建立、完善或决定解散合格评定互认体系，管理并监督合格评定活动的运行，促进和维护与国际组织在合格评定事项上的合作。CAB向IECIB报告。CAB包括1名主席（IEC的1名副主席）、IEC秘书长、IEC局选举的15位成员及国家委员会任命的15名副成员，及4个合格评定体系的主席和秘书，主席由IEC局选举产生，任期3年，可连任1届。通常情况下，CAB每年召开2次会议。

合格评定局的主要职责是：

(1) 建立IEC的合格评定政策，满足国际贸易持续与高效的发展需求。

(2) 引导IEC的合格评定发展方向，促进IEC合格评定体系的运行。

(3) 与其他国际标准化组织联合编制合格评定标准。

(4) 向IEC的TC/SC/PC等提供合格评定的建议。

(5) 促进现有的IEC合格评定体系被市场广泛接受，并建立新的合格评定体系以满足市场需求。

目前CAB主要有5个工作组负责CAB的整体运行：

(1) 政策和战略工作组（Policy and Strategy）：制定和维护与战略和政策相关的文件，包括IEC CAB政策，IEC合格评定指令，风险管理和CAB战略计划。此外，工作组负责管理与IEC总体规划实施计划相关的CAB行动。

(2) 体系问题工作组（Systems issues）：对CA体系的基本原则进行必要的完善，评估CA体系的执行程序，确保各CA与IEC规程和程序规则之间的一致性。

(3) 市场推广工作组（Promotion & Marketing）：负责对各CA体系的推广活动进行协调和监督，维护和促进CA体系的IEC领域内的推广，并推荐给适当的外部机构。

(4)新CA项目研究工作组(New CA Services Radar):负责与CA体系、SMB和MSB合作,对合格评定领域进行深入研究,探索符合行业发展需求的新CA服务范围列表。

(5)数字化转型工作组(Digital Transformation):负责关注并跟踪IEC内部其他机构或外部机构在数字化转型、人工智能、机器学习以及机器可读标准等方面的活动。

IEC目前已经建立了四大电工领域的国际合格评定互认体系(见图3-7),即电子元器件质量评定体系(IECQ)、电工产品及元器件测试和认证体系(IECEE)、防爆电气产品安全认证体系(IECEx)、可再生能源认证体系(IECRE)。

图3-7　IEC四大合格评定体系

1. IEC电子元器件质量评定体系(IECQ)

IEC电子元器件质量评定体系(IECQ)成立于1981年,截至2024年有11个成员国参加。IECQ的宗旨是在IEC的章程下,按照平等互利的原则促进电工领域电子元器件产品的国家及地区间贸易。

20世纪七八十年代,电子工业蓬勃发展,电子元器件的种类不断丰富,产品质量也在不断提升,各国间电子元器件产品的贸易也更加频繁。IECQ于1982年开始建设电子产品元件的质量评估制度和体系,以制度的手段促进电子元器件产品的国家和地区间高效率流通。通过各国家和地区间共认的标准来检测和认定电子元器件、零件及代工工厂的质量体系、产品质量,达到要求的产品从一国或地区出口至另一个国或地区时,不必再进行质量检测,由此提高了电子元器件跨国间贸易的效率。

2. IEC 电工产品及元器件测试和认证体系（IECEE）

IEC 的电工产品及元器件测试和认证体系（IECEE）于 1985 年成立，截至 2024 年有 53 个成员国。IECEE 的宗旨是通过开展电工领域产品的安全质量认证建设，消除贸易中由产品质量检测造成的壁垒，促进国际电工产品贸易量提升。

IECEE 建立了一套全球范围内电工领域产品的互认体系，简称 IECEE CB 体系。94 家认证机构、581 家实验室参加了该互认体系。互认范围内电工产品，只要获得参加互认的任何一家认证机构的证书，则无须再申请进口成员国的认证，即可获取进口成员国的准入资质。这套体系有效避免了由于重复测试和认证带来的不必要的贸易壁垒，成功降低了电工产品出口的时间成本和经济成本，帮助电工企业的产品更简单、便捷地进入国际市场。

3. IEC 防爆电气产品安全认证体系（IECEx）

IEC 防爆电气产品安全认证体系（IECEx）于 1996 年成立，截至 2024 年正式成员国共有 36 个、认证机构 57 个，实验室 69 个。IECEx 的宗旨是建立防爆电气产品各国家和地区间的互认体系，努力消除由于认证不当造成防爆电气产品在国际贸易中的壁垒，促进防爆电气产品在国际市场的流通。IECEx 认证体系包括基本规则（IECEx01）、产品认证（IECEx02）、服务认证（IECEx03）、标志许可（IECEx04）和人员能力认证（IECEx05）。

（1）基本规则（IECEx01），规定了基本的认证流程和规则。

（2）产品认证（IECEx02），防爆电气产品必须达到认证要求，其流程为：提出产品认证申请—对产品防爆型式进行测试—对产品生产厂家的质量体系进行现场检查—确定认证结论。

（3）服务认证（IECEx03），对防爆电气产品的检修设施、设备、体系及人员的能力进行审查，通过审查后形成服务认证证书。

（4）标志许可（IECEx04），获得 IECEx 认证的产品通常会在产品上附有 IECEx 认证标志，标志上包含 IECEx 字样和相应的认证编号。

（5）人员能力认证（IECEx05），针对防爆电气行业的从业人员是否掌握作业程序、维护和修理防爆电气设备的能力进行测试，达到要求者需提供证明。

4. IEC 可再生能源认证体系（IECRE）

IEC 可再生能源认证体系（IECRE）成立于 2014 年，截至 2024 年有 16 个成员国，目前下设太阳能、风能、海洋能三个工作组。IECRE 的宗旨是通过建立完善可再生能源领域设备产品的全球互认规则,促进可再生能源领域的设备产品、服务更便捷地走向国际市场,推动其合格评定结果在全球范围内的互信。

CAB 不负责管理各 IEC 合格评定(CA)体系的日常运作。各 IEC CA 体系成立各自的管理委员会负责具体的体系工作,但 CA 体系的基本运行文件须报 CAB 审核和批准。

本章知识要点

(1) IEC 的愿景使命、工作范围、成员及身份等。

(2) IEC 治理改革的过程,IEC 治理架构组成及职责分工,包括 IEC 全体大会、IEC 局、三大业务管理局、咨询机构、独立(监督)机构和 IEC 中央秘书处。

(3) IEC 新战略规划及运行计划的内容。

(4) IEC 三大业务管理局的职责任务、组织架构、主要成果等。

(5) 合格评定相关概念、国际标准与合格评定之间的关系。

思考题

(1) 国际电工委员会(IEC)成立于何时?(   )

  A. 1905 年 B. 1906 年 C. 1907 年 D. 1908 年

(2) 以下哪一项不属于 IEC 战略规划主题?(   )

  A. 建成数字化的全电社会 B. 助力世界可持续发展

  C. 建立信任、包容的协作平台 D. 推动零碳电力系统的构建

(3) 以下哪一项不属于 MSB 战略成果?(   )

  A. 白皮书 B. 技术报告

  C. 国际标准 D. 展望报告

(4) 以下哪几个委员会属于标准管理局(SMB)(多选题)?(   )

  A. 环境问题咨询委员会(ACEA) B. 电磁兼容性咨询委员会(ACEC)

  C. 能源效率咨询委员会(ACEE) D. 安全咨询委员会(ACOS)

(5) 以下哪几个是由中国专家牵头编写的白皮书/技术报告/展望报告(多选题)?(   )

A. 《以新能源为主体的零碳电力系统》

B. 《多源固废能源化：固废耦合发电系统》

C. 《多能智慧耦合系统》

D. 《量子信息技术》

[参考答案]

1. B　2. D　3. C　4. ABCD　5. ABC

本章参考文献与资料

[1] 国家标准化管理委员会. 国际标准化教程[M]. 3版. 北京：中国标准出版社，2021.

[2] https://www.iec.ch/basecamp/zero-carbon-power-system-based-primarily-renewable-energy.

[3] https://www.iec.ch/basecamp/municipal-solid-waste-energy-coupled-power-generation-msw.

[4] https://www.iec.ch/basecamp/multi-energy-coupling-system.

第 4 章 国际标准化合作

标准化机构是标准确立、传播、实施的实体机构，在凝聚各方共识、推广应用标准、促进国际贸易合作与科技产业发展等方面发挥了重要作用。按地理覆盖范围划分，标准化机构分为国际标准化机构、区域标准化机构、国家标准化机构。本章详细介绍了全球主要标准化机构的组织架构、职能，让我们对标准化机构有一个全面的认知和理解。

4.1 国际标准化机构

目前全球有三大国际标准组织，分别是：国际标准化组织(ISO)、国际电工委员会(IEC)和国际电信联盟(ITU)，其制定的标准是公认的国际标准。世界三大国际标准组织(IEC、ISO、ITU)都以推动技术革命、消除技术壁垒、促进成果共享、提高生产效率为宗旨。

4.1.1 国际标准化组织(ISO)

国际标准化组织(International Organization for Standardization，ISO，见图4-1)，是世界上最大的非政府性标准化专门机构，是国际标准化领域中一个十分重要的组织。ISO的任务是促进全球范围内的标准化及其有关活动，推动国际产品与服务的交流，以及在知识、科学、技术和经济活动中发展国际的相互合作。

1. 成立过程

国际标准化组织(ISO)的前身是国际标准化协会(ISA)和联合国标准协调委员会

图 4-1　国际标准化组织（ISO）

（UNSCC）。

1921 年，英国、美国、加拿大、比利时、荷兰、挪威、瑞士等 7 个国家的标准化机构在英国伦敦召开秘书联席会议，开始了各国标准化机构之间的合作。1923 年在瑞士苏黎世召开第二次会议。1926 年在美国纽约召开第三次会议，这次会议除各国标准化机构秘书外，还有标准协会主席和若干重要人员参加。国际标准化合作问题，也就从讨论进入实施阶段。此次会议决定成立国际标准化协会，起草了组织章程，并设 7 人小组委员会与国际电工委员会（IEC）协商有关合作事宜。1928 年，国际标准化协会组织章程得到奥地利、比利时、前捷克斯洛伐克、丹麦、芬兰、法国、德国、荷兰、匈牙利、意大利、挪威、苏联、瑞士、瑞典等 14 个国家的赞同。国际标准化协会在捷克布拉格举行成立大会，有 20 个国家的代表与会，并将新机构定名为国家标准化协会国际联合会，简称国际标准化协会（ISA）。ISA 首任主席为瑞典人佛瑞德列克逊。执行理事会 7 名成员国分别是比利时、芬兰、法国、德国、意大利、瑞典、美国。

20 世纪 30 年代后期，由于受到复杂的国际形势的威胁，部分国家退出 ISA。第二次世界大战爆发后，国际标准化协会已无法继续工作，遂于 1942 年 4 月解体。截至停止工作时，ISA 共发布了 32 个机械制造基础标准，称为 ISA 公报，这些公报大多被各国采用。1944 年，中国、美国、英国、苏联等 18 个国家发起组织成立联合国标准协调委员会，其任务是继续 ISA 工作，处理战时和战后过渡时期各国标准的统一和协调问题。

1946 年 10 月 14 日至 26 日，来自中国、英国、法国、美国等 25 个国家 64 名代表聚会于英国伦敦，决定成立一个新的国际标准化机构，即国际标准化组织（ISO）。1946 年 10 月 24 日，15 个国家相关代表参加 ISO 临时全体大会，大会讨论并一致通过了 ISO 组织章程和议事规则。1947 年 2 月 23 日，ISO 宣告正式成立，总部设在瑞士日内瓦。美国标准协会常务委员会主席霍华德·孔利被选为第一任 ISO 主席，参加 1946 年 10 月英国伦敦会议的 25 个国家为创始成员国。

ISO 是非政府性国际组织，是联合国的甲级咨询机构，并与联合国许多组织和专业机构保持密切联系。例如，联合国欧洲经济委员会，联合国粮食及农业组织，国际劳工组织，联合国教育、科学及文化组织，国际民用航空组织等。

2. 宗旨和主要任务

ISO 的宗旨是：在全世界促进标准化及有关活动的发展，以便于国际物资交流和服务，并扩大知识、科学技术和经济领域的合作。

主要任务包括：

(1) 制定、发布和推广国际标准；

(2) 协调世界范围内的标准化工作；

(3) 组织各成员国和技术委员会进行信息交流；

(4) 与其他国际组织共同研究有关标准化问题。

3. 成员

ISO 成员分为正式成员、通讯成员和注册成员共 3 类。

ISO 章程规定：一个国家只能有一个具有广泛代表性的国家标准化机构参加 ISO。正式成员可以参加 ISO 各项活动，有投票权。通讯成员通常是没有完全开展标准化活动的国家组织，没有投票权，但可以作为观察员参加 ISO 会议并得到其感兴趣的信息。注册成员来自尚未建立国家标准化机构、经济不发达的国家，它们只需交纳少量会费，即可参加 ISO 活动。

4. 愿望和使命

ISO 的愿景：使人们的生活更加便捷、更加安全、更加美好。

ISO 的使命：通过成员网络，制定国际标准支持国际贸易，推动包容、公正的经济增长，促进创新，保护健康和安全，并创造可持续的未来。

5. 组织架构

ISO 的主要管理机构为全体大会、理事会、技术管理局和中央秘书处，如图 4-2 所示。

全体大会是 ISO 最高权力机构，为非常设机构。ISO 所有正式成员、通讯成员、注册成员以及与 ISO 有联络关系的国际组织均可派代表与会，但只有正式成员有表决权。

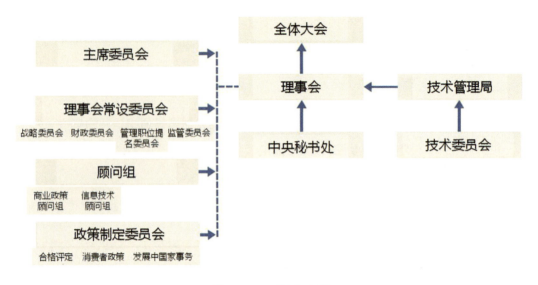

图 4-2 ISO 的组织架构

理事会是 ISO 大会闭会期间的常设管理机构。主要任务是：讨论决定 ISO 工作中的重大问题；任命司库、秘书长、政策制定委员会主席；选举技术管理局（TMB）成员，并确定其职权范围；审查通过 ISO 中央秘书处财务预决算。理事会下设主席委员会、理事会常设委员会、顾问组和政策制定委员会。

技术管理局是 ISO 技术工作的最高管理和协调机构。

中央秘书处负责 ISO 的日常事务，编辑出版 ISO 标准及各种出版物，代表 ISO 与其他国际组织联系。

4.1.2 国际电信联盟（ITU）

国际电信联盟（International Telecommunication Union，ITU）是联合国系统中处理电信事宜的政府间国际组织，简称国际电联（见图 4-3），总部设在瑞士日内瓦。ITU 的标准化工作主要涉及信息与通信技术（ICT）领域，其标准一般称作推荐性标准（Recommendations），涵盖电信运营管理、电信经济与政策、环境和气候变化、电视及声音传输与综合宽带有线网络、信令与协议及测试规范、性能与业务质量等方面，ITU 与我们的工作生活密切相关。

图 4-3 国际电信联盟(ITU)

1. 成立过程

1865 年 5 月 17 日，法国、德国、俄国、意大利、奥地利等 20 个欧洲国家代表在巴黎签定《国际电报公约》，成立了国际电报联盟。1868 年决定将总部设在瑞士伯尔尼。1906 年，德国、英国、法国、美国、日本等 27 个国家代表在德国柏林签订《国际无线电公约》。1932 年，70 多个国家代表在西班牙马德里召开第五届全权代表大会，决定把原有的两个公约合并为《国际电信公约》，制定了新的电报、电话、无线电规则，并将国际电报联盟改名为国际电信联盟(ITU)，新名称自 1934 年 1 月 1 日启用。1947 年，ITU 成为联合国的一个专门机构，其总部于 1948 年从瑞士伯尔尼搬迁至日内瓦。

2. 宗旨和任务

ITU 的宗旨是促进国际通信网络的互联互通，实现世界上所有人之间的互联互通，无论他们身处何方、使用何种通信手段，捍卫人人享有通信权。

主要任务：

(1) 负责全球范围的无线电频谱和卫星轨道的分配。

(2) 制定电信国际标准，确保实现网络和技术的无缝互连，创建强健、可靠、不断演进且无缝对接的全球研究制定和出版的国际电信标准并促进其应用。

(3) 支持和指导信息通信技术产业网络，以传输网络标准促进移动和宽带技术的采用，助推移动革命。

(4) 与公共和私营伙伴携手，确保 ICT 的接入和服务价格合理、公平普及。

3. 成员

ITU 向政府机构私营部门和学术界开放，现有 193 个成员国以及大约 900 个来自私营部门实体大学、国际和区域组织的部门成员、部门准成员和学术成员。这些成员是全球 CT 领域的典型代表,既有世界上最大的制造商和运营商,也有采用新兴技术的小型创新企业,还有掌握领先技术的研发机构。各国政府机构可作为成员国加入 ITU,私营部门、国际和区域组织可申请加入 ITU 部门成员或部门准成员,学术界、大学和科研机构可申请加入 ITU 学术成员。

1) 成员国享有的基本权利

成员国有权参加各类会议,有资格参加理事会的选举,并有权提名候选人参加 ITU 官员和无线电规则委员会成员的选举;成员国在全权代表大会、部门大会、研究组会议等会议上有投票权。如果是理事会成员国,则在理事会所有会议上也有投票权;在区域会议上,只有该区域的成员国有投票权。

2) 部门成员和部门准成员享有的权利

部门成员和部门准成员可享受以下权利:与 ICT 监管机构、政策制定机构和业界专家以及学术界交流;为全球标准和最佳实践作出贡献,向各国政府提供 ICT 战略和技术咨询;参加/领导有关 ICT 领域新兴问题的研究组;共享专业知识,参加培训及专业研讨会,提高国际知名度;出席全球和区域性大会和讨论,建立创新型公共私营伙伴关系;获取世界领先的 ICT 统计数据、研究和内部信息;购买国际电联出版物时享受 15% 的优惠折扣。

3) 学术成员享有的权利

学术成员享受以下权利:与各国政府 ICT 相关公司及来自世界各地的其他学术界同行开展交流;为国际市场作出贡献(包括研究/专利技术);为形成政策监管环境中的最佳实践作出贡献;丰富技术知识,成为国际电联文件的编辑或报告人;分享专业技能,参加培训和专业研讨会,提高国际知名度;参与全球和区域性讨论,建立创新型公共-私营伙伴关系;获得世界领先 1CT 统计和研究数据;享受国际电联出版物 80% 的优惠折扣。

4. 组织架构

ITU 的最高权力机构是全权代表大会,每 4 年召开 1 次。主要任务是制定政策,实现 ITU 的宗旨。大会闭会期间,由理事会行使大会赋予的职权,理事会每年召开 1 次会议。总秘书处主持日常工作,其主要职责是拟定战略方针与策略、管理各种资源、协调各部门的活动等。

为了适应不断变化的国际电信环境，ITU 于 1992 年 12 月 7 日至 22 日在日内瓦增开了一次全权代表大会，通过了 ITU 的改革方案，修订了 ITU 的组织法和公约。改革后的 ITU，其实质性工作由三大部门承担，即无线电通信部（ITU-R）、电信标准化部（ITU-T）和电信发展部（ITU-D），如图 4-4 所示。

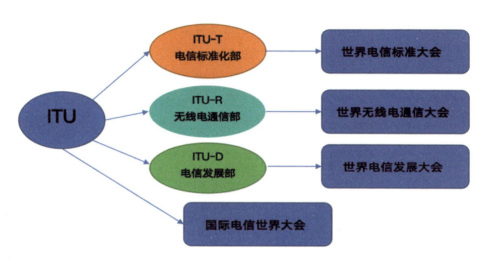

图 4-4　ITU 组织架构

1）无线电通信部

无线电通信部的主要职责是确保所有无线电通信业务合理、公平、有效和经济地使用无线电频谱以及对地静止卫星轨道，并制定有关无线电通信课题的建议。

在发挥频谱协调员作用中，ITU-R 制定并采纳若干无线电法规。这些法规起着约束作用，控制全世界 40 个不同机构对无线电频谱的使用。它负责国际频谱使用登记，管理和维护国际频率总登记簿。此外，它还负责协调工作，确保在空中的通信、广播和气象卫星能够共存，使相互业务不受干扰。

2）电信标准化部

电信标准化部在 ITU 居中心地位，由原来国际电报电话咨询委员会（CCITT）和国际无线电咨询委员会（CCIR）从事标准化工作的部门合并而成，其主要职责是：继续承担国际电报电话咨询委员会的所有工作，研究电报电话技术、操作和资费问题，并就这些问题制定标准化建议；研究制定统一的电信网络标准，其中包括与无线电系统的接口标准，以促进并实现全球的电信标准化。

电信标准化部的工作由设在 ITU 总部的电信标准化局进行管理和协调。下设 14 个研究委员会，有近700个国际和区域性组织、科研机构、电信企业、电信主管部门参与电信标准化部的工作。电信标准化部通常每4年召开一次世界电信标准化大会，主要任务是：审议与电信标准化有关的具体问题、审议并通过标准化建议。第一次世界电信标准化大会于1993年3月1日至12日在芬兰赫尔辛基召开。大会讨论并审议了电信标准化部的组织机构、议事规则、工作程序与方法等。电信标准化部的任务之一是制定发布标准化建议、标准手册和指南。ITU每年约制定发布210个建议书，相当于每个工作日产生1个新标准或修订标准。在过去10年间，由于实行了新的标准制定程序，标准平均制定周期缩短了80%，即10年前制定一项新标准平均需要4年时间，现在只需9个月就能完成。

3）电信发展部

电信发展部的主要职责是在电信领域促进和提供对发展中国家的技术援助。目前，ITU的189个成员中约有2/3不能充分可靠地利用基本的电信服务。因此，帮助发展中国家电信基础设施发展则是ITU-D的主要任务。

电信发展部的主要活动包括：政策和法规咨询，电信金融和低成本技术选择方面的咨询，人力资源管理方面的援助以及发展以乡村和通用存取为目标的倡议项目。电信发展部强调发展与民营部门的伙伴关系，利用商业驱动满足发展中国家的需求，提供全球电信行业发展动向分析的权威性信息资源。

4.1.3 世界标准合作组织（WSC）

世界标准合作组织（World Standards Cooperation，WSC）是国际电工委员会（IEC）、国际标准化组织（ISO）和国际电信联盟（ITU）之间的高层合作平台（见图4-5），致力于创建一个更具凝聚力、更高效的国际标准体系，使全球各地的产业、企业和消费者受益。

WSC由IEC、ISO和ITU于2001年成立。自成立以来，WSC已采取了多项举措，包括举办讲习班、教育和培训，以及在多种情况下推广国际标准体系。IEC、ISO和ITU认为，国际标准是一种工具，能够为传播和使用技术、最佳做法和协议制定一个统一、稳定和全球公认的框架，从而支持信息社会的全面发展，基于所有感兴趣的利益相关者的可能贡献，以及他们广泛的国家成员网络，代表了市场相关性和接受度以及更公平发展的强大资产。

三个世界性的国际标准开发组织正在共同努力，落实国际通信技术标准在发展和贸

图 4-5　世界标准合作组织（WSC）

易方面的战略作用。WSC 将确保三个国际组织公开透明地工作，并尽可能避免工作的重复和重叠。

1. 宗旨

WSC 旨在促进在全球范围内采用和实施基于国际共识的标准，促进参与并提高国际标准体系的知名度，解决有关三个组织技术工作合作的任何未决问题。

2. 主要活动

1）设立标准化计划协调小组（SPCG）

IEC、ISO 和 ITU 之间的合作产生了从根本上改变数字格局的标准：从使我们能够存储、传输和流式传输视频文件的 MPEG 等标准，到显著减少不同手机充电器数量并有助于减少电子垃圾的移动电话的通用标准。

2）世界标准日

每年 10 月 14 日，国际电工委员会、国际标准化组织和国际电信联盟的成员国都会庆祝世界标准日，这是对世界各地数千名专家合作努力的一种致敬，他们制定了作为国际标准发布的自愿技术协议。

3）国际标准峰会

在二十国集团（G20）轮值主席国意大利的主持下，意大利标准化机构 UNI 和 CEI 与 IEC、ISO 和 ITU 共同组织了以"G20 标准化组织为可持续发展目标作出贡献"为题的国际标准峰会。

4.2 区域标准化机构

目前全球比较有影响力的区域标准化机构主要有：欧洲标准化委员会(CEN)、欧洲电工标准化委员会(CENELEC)、欧洲电信标准协会(ETSI)、欧洲广播联盟(EBU)；计量与认证委员会(EASC)、太平洋地区标准大会(PASC)、亚洲-大洋洲开放系统互联研讨会(AOW)、亚洲电子数据交换理事会(ASEB)、亚洲标准咨询委员会(ASAC)、东盟标准与质量咨询委员会(ACCSQ)、泛美标准委员会(COPANT)、非洲标准化组织(ARSO)、阿拉伯标准化与计量组织(ASMO)、海湾阿拉伯国家合作委员会标准化组织(GSO)等。这些组织有的是政府性的，有的是非政府性的，其主要职能是制定、发布和协调该地区的标准。下面介绍主要的区域标准化机构。

4.2.1 欧洲标准化委员会与欧洲电工标准化委员会

欧洲标准化委员会与欧洲电工标准化委员会是非营利性国际组织。它们与欧洲电信标准协会(ETSI)一起被认定为欧洲标准化组织。

欧洲标准化体系在世界上是独一无二的。在欧洲标准发布后，每个国家标准机构或委员会都有义务撤回与新欧洲标准冲突的国家标准。因此，一项欧洲标准可以成为34个成员国的国家标准。

1. 欧洲标准化委员会

欧洲标准化委员会(European Committee for Standardization, CEN)成立于1961年，总部设在比利时布鲁塞尔。它是以西欧国家为主体、由国家标准化机构组成的非营利性国际标准化科学技术机构，是欧洲三大标准化机构之一。CEN是欧盟委员会正式认可的欧洲标准化组织，专门负责除电工、电信以外领域的欧洲标准化工作。

1) 成立过程

1957年10月在巴黎召开的欧洲经济共同体(EEC)和欧洲自由贸易联盟(EFTA)成员国标准化机构领导人联席会议上，法国标准化协会(AFNOR)提议成立欧洲标准化机构，并委托专门小组起草机构组织章程及议事规则。1961年3月23日在巴黎召开欧洲标准协调委员会(CEN)成立大会。法国、英国、意大利、德国等13个国家为创始成员国。1971年6月，CEN在修改组织章程时改为欧洲标准化委员会。1975年CEN总部由法国巴黎迁往比利时首都布鲁塞尔。

2）宗旨和任务

CEN的宗旨是促进成员国之间的标准化合作，积极推行ISO、IEC等制定的国际标准，制定本地区需要的欧洲标准；推行合格评定（认证）制度，以消除贸易中的战术壁垒。

CEN的利益相关方包括工商界，公共当局，监管机构，学术界和研究中心，欧洲贸易协会和代表环保主义者、消费者、工会以及中小企业利益的集团，以及其他公共和私营机构。CEN致力于制定高质量的产品和服务标准，包括质量、安全性、环境、互操作性和可及性等要求，积极适应新的发展并支持欧洲的竞争力、环境保护、可持续增长，以促进公民福祉和欧洲单一市场的发展，推广独特的欧洲标准体系及其成果，引领全球标准化最佳实践的实施，积极支持国际标准化，并与ISO和IEC紧密合作，从而实现"一项标准，一次认证，全球通行"的目标。

2. 欧洲电工标准化委员会

欧洲电工标准化委员会是制定和发布欧洲电工电子标准的区域标准化机构，成立于1972年，总部设在比利时布鲁塞尔，是欧盟委员会正式认可的欧洲标准化组织。

1）成立过程

1960年欧洲电工标准协调委员会（CENEL）作为CEN的电工部门正式成立，成员国为欧洲经济共同体（EEC）和欧洲自由贸易联盟（EEFTA）的成员国以及芬兰。1962年又成立了一个性质相类似的机构——欧洲电工标准协调委员会共同市场小组（CENELCOMD）。丹麦、英国和爱尔兰3国加入欧洲经济共同体后，欧洲电工标准协调委员会和欧洲电工标准协调委员会共同市场小组成员国于1972年12月在比利时布鲁塞尔召开联席会议，决定成立欧洲电工标准化委员会（CENELEC），以取代上述两家机构，自1973年1月1日起正式运作。

2）宗旨和任务

CENELEC的宗旨是协调各成员国的电工电子标准，制定统一的欧洲电工标准，实行电工电子产品的合格评定（认证）制度。

CENELEC的任务是负责制定电工电子领域的自愿标准，帮助促进国家间的贸易，开拓新的市场，降低合规成本，支持欧洲单一市场的发展。CENELEC与IEC签署《法兰克福协议》，并开展密切合作，在欧洲和国际层面创造市场准入并尽可能采用国际标准。

4.2.2 太平洋地区标准大会

太平洋地区标准大会(Pacific Area Standards Congress, PASC)是一个独立的自愿性标准组织,负责管理环太平洋国家标准机构的国际标准化体系。

1. 成立过程

亚太地区占世界人口的60%以上,是世界上人口增长率最高的地区,国际标准对这一领域非常重要。太平洋地区的几个国家一致认为,需要有一个论坛来实施国际标准化组织(ISO)和国际电工委员会(IEC)的国际标准化计划,并提高环太平洋组织有效参与该计划的能力,提高地区经济标准化的质量和能力,支持该地区和其他地区的自由贸易。

1972年,在美国、日本、加拿大、澳大利亚等国的倡议下,太平洋地区国家标准化机构的代表在美国夏威夷檀香山召开会议,提出建立本地区标准化机构的计划,1973年2月20日至23日,召开机构成立大会并定名为太平洋地区标准大会。

2. 宗旨和任务

PASC的宗旨是:就国际标准化活动,特别是ISO和IEC的重大问题和决策进行讨论、交流信息、协调政策,为太平洋国家提供一个方便的论坛,以便于各成员国相互咨询,加强联络,以维护本地区各国的利益。

PASC的任务是:

(1)确定成员国的优先事项和技术标准化,并建立处理组织内共同利益事项的机制。

(2)在国家标准机构之间以及对标准化感兴趣的组织之间交换信息和观点,为与国际标准机构,特别是国际标准化组织(ISO)和国际电工委员会(IEC)的沟通提供论坛交流平台。

(3)与亚太经济合作组织(APEC)、亚太经济合作组织区域专家机构或相关专家,以及多边机构合作,支持该地区经济技术基础设施和自由贸易的发展。

(4)支持和促进PASC成员国遵守相关WTO协定,包括《贸易壁垒或技术性贸易壁垒协定》(TBT)和《卫生和植物检疫措施协定》(SPS)。

(5)积极向政府、行业和消费者推广该领域标准化。

4.2.3 泛美标准委员会(COPANT)

泛美标准委员会(The Pan-American Standards Commission, COPANT)是中美洲和拉丁美洲区域性标准化机构,成立于1947年,总部位于阿根廷的布宜诺斯艾利斯。泛美标准委员会是一个民间非营利性组织,拥有完全的经营自主权,由美洲国家标准机构(NSB)组成,目前共有32个正式成员和10个联系成员。具体包括阿根廷、巴西、玻利维亚、哥伦比亚、加拿大、美国、智利等32个国家标准机构组成的正式成员,以及中国、德国、泛美认可合作组织(IAAC)等10个国家和区域标准机构组成的联系成员。

1. 成立过程

泛美标准委员会于1949年7月12日在巴西圣保罗市成立,最早名为泛美委员会(Pan American Committee)。1961年4月24日至27日在乌拉圭蒙得维的亚举行大会,委员会成立了理事会,由荷兰银行(巴西)的Alberto Sinay Neves女士担任主席。1964年,在纽约,泛美委员会大会将其更名为泛美标准委员会,简称COPANT。

2. 宗旨和任务

COPANT的宗旨是:通过标准化及其相关活动,促进成员国之间的经贸一体化和贸易便利化,实现各成员国在贸易、产业、科技方面的发展和共赢,主要职责包括提升区域内标准的一致性程度,代表成员参与国际标准化活动,推动标准化及其相关领域的教育培训,在区域范围内推广国际标准等。

COPANT的任务是:在其成员国推广技术标准化及其相关活动,以促进其商业、工业、科学和技术发展,推动经济和商业一体化以及商品和服务的交流,并进一步扩大和加深知识、科学、经济和社会领域的合作。

4.2.4 非洲标准化组织

非洲标准化组织(African Organization for Standardisation, ARSO),原名为非洲地区标准化组织,是由非洲统一组织(非盟)和联合国非洲经济理事会于1977年在加纳首都阿克拉宣布成立的非洲政府间标准机构。ARSO是非洲地区最主要的区域标准化组织,秘书处设在肯尼亚。

1. 成立过程

ARSO 前身为非洲标准化区域组织，起源可追溯到 20 世纪 70 年代。当时非洲社会政治和经济"泛非主义"思潮盛行，并在加纳历史名城阿克拉举行的一次会议上达到顶峰。

非洲大多数地区获得独立后，全社会充满乐观的情绪，非洲大陆标准化机构的想法得到肯定并被推广，标准化被视为非洲经济一体化议程命运的路标和基石，是将新的非洲经济与世界其他地区联系起来，为非洲大陆的经济繁荣提供非洲共同市场的途径。1977 年 8 月 10 日至 17 日 ARSO 正式成立。

2. 宗旨和任务

ARSO 旨在成为一个优透的标准化机构，推广质量文化，支持非洲的贸易、工业化和可持续发展。

ARSO 的任务是通过提供促进可持续发展的统一非洲标准和合格评定程序，促进非洲工业化，推动非洲内部和全球贸易。[1]

(1) 将国家和/或次区域标准统一为非洲标准，并为此向成员机构发布必要建议。

(2) 启动和协调非洲标准(ARS)的制定，并参考非洲特别感兴趣的产品。

(3) 鼓励和促进成员机构采用国际标准。

(4) 鼓励和促进标准化活动人员培训方面的专家交流，进一步推动信息交流和贸易合作。

(5) 协调 ISO、IEC 和其他与标准化活动相关的国际组织成员的意见。

4.2.5 海湾阿拉伯国家合作委员会标准化组织

海湾阿拉伯国家合作委员会标准化组织(Gulf Standardization Organization，GSO)于 2001 年在沙特阿拉伯成立，是由沙特阿拉伯、阿联酋、阿曼、科威特、巴林、卡特尔、也门等 7 个海湾国家组成的区域标准化组织，是海湾阿拉伯国家合作委员会的下属机构。GSO 旨在促进成员国之间标准化领域的合作、统一和互联，实现经济、工业等多方面的一致性。

---

[1] 资料来源为 https://www.arso-oran.org/.

1. 成立过程

GSO 根据海湾合作委员会最高委员会(2001年12月30日至31日,阿曼马斯喀特,第22届会议)的决议设立的区域标准化组织,于2004年5月开始运作,成员包括阿拉伯联合酋长国、巴林、沙特阿拉伯、阿曼苏丹、卡塔尔、科威特和也门。

2. 宗旨和任务

GSO 旨在促进成员国之间标准化领域的合作、统一和互联,实现经济、工业等多方面的一致性。

GSO 的任务是统一各种标准化活动,并与成员国的国家标准化机构合作和协调,跟进其执行情况,确保承诺落实,以促进其生产和服务部门的发展,根据海合会海关联盟和海湾共同市场的目标,发展内部贸易、消费者保护、环境和公共卫生等事业,促进海湾工业、产品和服务,以支持海湾经济、保护成员国的利益、减少贸易技术壁垒。

4.3 国家标准化机构

4.3.1 英国标准学会(BSI)

英国标准学会(British Standards Institution,BSI),是世界上第一个国家标准化机构,是英国政府承认并支持的非营利性民间团体,成立于1901年,总部设在伦敦。

经过100多年的发展,BSI 现已成为集标准研发、标准技术信息提供、产品测试、体系认证和商检服务于一体的国际标准服务提供商,向全球提供服务。作为全球权威的标准研发和国际认证评审服务提供商,BSI 倡导制定了世界上流行的 ISO 9000 系列管理标准,在全球多个国家拥有注册客户,注册标准涵盖质量、环境、健康和安全、信息安全、电信和食品安全等几乎所有领域。

1. 成立过程

1901年,由英国土木工程师协会(IEC)、机械工程师协会(IME)、造船工程师协会(INA)与钢铁协会(ISI)共同发起成立英国工程标准委员会(BESC),并于同年4月26日在伦敦召开第一次会议。这是世界上第一个全国性标准化机构，它的诞生标志着人类的标准化活动进入一个新的发展阶段。1902年电气工程师协会(IEE)加入该委员会，英国政府开始给予财政支持。1902年6月又设立标准化总委员会及一系列专门委员会。1918年，标准化总委员会改名为英国工程标准协会(BESA)。1929年BESA被授予皇家宪章。1931年协会改用现名——英国标准学会(BSI)。

BSI被英国政府确认为英国国家标准机构，该地位被正式写入英国政府和英国标准学会之间的谅解备忘录，确认了BSI仅次于ISO、IEC、CEN和CENELEC的地位。

2. 宗旨和任务

BSI旨在激发人们对一个更具韧性的世界的信任。BSI的解决方案和服务提高了效率，并支持联合国可持续发展目标。

BSI的任务是：分享知识、创新和最佳实践，帮助组织和个人发挥其潜能并让优质成为习惯，向企业展示如何提高绩效、降低风险和实现可持续增长。

BSI在制定新一代标准方面发挥了主导作用，以帮助组织更好地实施管理和承担更多的责任，如反贿赂、组织治理和资产管理。BSI还加强了与智能城市、纳米技术、细胞治疗和建筑信息建模等新领域专家的合作。

4.3.2 德国标准化学会(DIN)

德国标准化学会(German Institute for Standardization，DIN)是德国最大的具有广泛代表性的公益性标准化民间机构，成立于1917年，总部设在首都柏林。

德国标准化协会是德国和世界范围内的独立标准化平台。作为工业、研究和整个社会的合作伙伴，DIN在帮助数字经济或社会等领域的创新成果进入市场方面发挥着重要作用，通常是在研究项目的框架内。来自工业、研究、消费者保护和公共部门的36000多名专家将他们的专业知识应用于DIN管理的标准化项目。这些努力的结果是以市场为导向的标准和规范，促进全球贸易，鼓励合理化，推动质量保证及社会和环境保护，以及改善安全和通信。

1. 成立过程

1917年5月18日，德国工程师协会(VDI)在柏林里家创造局召开会议，决定成立通用机械制造标准委员会，其任务是制定VDI规则。1917年7月，标准委员会建议将各工业协会制定的标准与德国工程师协会标准合并,统称为德国工业标准。1917年12月2日通用模板随标准委员会改组为德国工业标准委员会(NDI)。该委员会鉴于其标准化活动早已超越工业领域,于1926年11月6日改名为德国标准委员会(DNA)。第二次世界大战期间,该委员会停止活动。1946年10月经四国管制委员会同意,德国标准委员会作为民主德国与联邦德国双方代表组成的机构在全德境内开展工作。1975年5月2日德国标准委员会改名为德国标准化学会(DIN)。1975年6月5日DIN与联邦政府签订一项协议:联邦政府承认DIN是联邦德国和西柏林的标准化主管机构,并代表德国参加非政府性的国际和区域标准化机构。1990年10月3日,德国实现统一,民主德国标准化、计量与商品检验局(ASMW)停止活动。德国标准化学会制定和发布德国标准及其他标准化工作成果,并推进其应用。

德国VDE检测认证研究所(VDE Testing and Certification Institute)是VDE所属的一个研究所,成立于1893年。作为一个中立、独立的机构,VDE的实验室依据申请,按照德国国家标准或欧洲标准,或IEC标准对电工产品进行检验和认证。

VDE直接参与德国国家标准的制定工作,作为世界上享有很高声誉的认证机构,每年VDE为近2200家德国企业和2700家其他国家的客户完成总数为18000个认证项目。迄今为止,全球已有近50个国家的20万种电气产品获得VDE标志。在许多国家,VDE认证标志甚至比本国的认证标志更加出名,尤其被进出口商认可和看重。

2. 宗旨和任务

DIN代表着全世界德国利益相关者的利益。根据与德意志联邦共和国达成的协议,DIN被认定为德国的国家标准机构,旨在建立网络,帮助德国利益相关者建立统一的标准,并打开通向国际市场的大门。

DIN的任务是为工业、技术、科学和政府以及公共领域的合理化、质量保证、环境保护、安全和通信制定规范和标准。DIN标准为企业提供了质量、安全平台,让来自各个领域的专家能够共同制定标准和规范。

4.3.3 美国标准学会(ANSI)

美国标准学会(American National Standards Institute,ANSI)是一个非营利性的民间标准化团体,总部设在首都华盛顿。

ANSI本身并不是一个标准制定机构,而是为公平的标准制定和质量符合性评估系统提供框架,并持续努力维护其完整性的研究所。作为协调基于标准的解决方案的中立场所,该研究所汇集了私营和公共部门的专家和利益攸关方,发起了符合国家优先事项的合作标准化活动。

1. 成立过程

1916年,美国电气工程师协会(现为IEEE)邀请美国机械工程师协会(ASME)、美国土木工程师协会(ASCE)、美国矿业与冶金工程师协会(AIME)和美国材料与试验协会(ASTM)参与建立一个公正的国家机构来协调标准制定并批准协商一致的国家标准,以消除用户对可接受性的疑虑。这五个组织成为联合工程协会(UES)的核心成员,随后他们又邀请美国陆军部、海军部和商务部作为创始成员。1918年10月19日,美国工程标准委员会(AESC)成立。1919年批准了第一个标准,是关于管道螺纹尺寸的标准。

随着19世纪20年代工业化蓬勃发展,AESC致力于建立全国性的标准体系,以帮助实现美国基础设施和工业的现代化。1928年,AESC改组为美国标准协会(ASA)。1966年8月,又改组为美利坚合众国标准学会(USAS)。1969年10月6日最终改组为美国标准学会(ANSI)。ANSI不断加大协调和批准自愿性国家标准的力度,1970年正式确定其公开审查程序并成立了标准审查委员会,从而大大提高了标准制定过程的开放性、公信力和平衡性。

2. 宗旨和任务

ANSI旨在与行业和政府的利益相关者保持密切合作,提出基于标准和合格评定的解决方案,以满足国家和全球优先事项。

ANSI的任务是确保有效使用的相关标准的一致性,提高效率、开放市场、增强消费者信心和降低成本,在国家、地区和全球创新标准和合格评定工作中持续提升影响力。ANSI有效推动了美国自愿性标准和合格评定体系的建立并保证其公正性,从而增强了美国企业的全球竞争力和促进美国经济发展。

4.3.4 日本工业标准调查会(JISC)

日本工业标准调查会(Japanese Industrial Standards Committee,JISC)是根据日本工业标准化法建立的全国性标准化管理机构,成立于1949年,总部设在首都东京。

4.3 国家标准化机构

JISC 在日本从机器人到象形图等多种产品和技术的标准方面发挥着核心作用。JISC 还负责代表日本开展与 ISO 和 IEC 的合作，为制定国际标准作出积极贡献。

1. 成立过程

1921 年 4 月，日本成立工业品规格统一调查会（JESC），并于 1922 年 10 月 9 日发布了第一个日本标准规格（JES）《金属材料抗拉试样》。

1929 年，该会代表日本参加国家标准化协会国际联合会（ISA）。1946 年 2 月，工业品规格统一调查会解散，并同时成立工业标准调查会。1949 年 7 月 1 日，日本开始实施《工业标准化法》，根据该法设立日本工业标准调查会（JISC），并于 10 月 31 日发布了第一个日本工业标准《电机防爆结构（煤矿用形 JISC0901）》。

1952 年 9 月，JISC 代表日本参加国际标准化组织（ISO），1953 年参加国际电工委员会（IEC）。

2. 宗旨和任务

JISC 旨在促进很多领域的标准化，并为全球发展作出贡献。JISC 积极参与应对新挑战的举措，尤其是在互操作性、老年人护理和电力基础设施三个领域。

JISC 的主要任务是组织制定和审议日本工业标准（JIS），调查和审议 JIS 标志指定产品和技术项目。在技术发展和社会对企业活动不断变化的需求的推动下支持创新，并对人们的生活方式和生活环境产生直接影响。

【知识拓展】日本 IEC 活动促进委员会

日本 IEC 活动促进委员会（IEC-APC）成立于 1990 年，全面支撑日本积极参与 IEC 国际标准化活动，致力于提升日本在 IEC 国际标准化活动中的贡献度（见图 4-6）。同时，IEC-APC 通过向日本国内提供国际标准化信息动态，加强与其他国家的标准机构合作，从全球角度促进标准化，向 IEC 快速反映日本国内产业界的需求及意见。

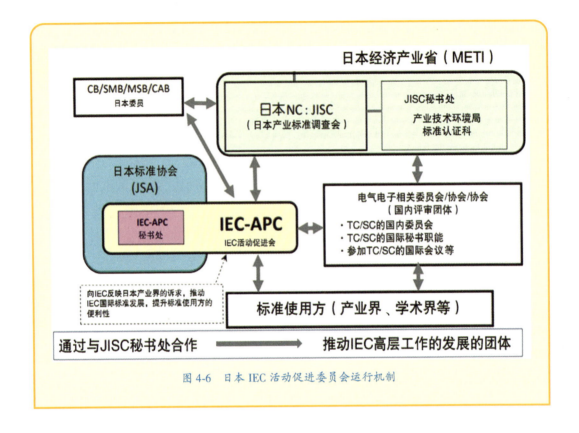

图 4-6　日本 IEC 活动促进委员会运行机制

4.3.5　韩国技术标准局(KATS)

韩国技术标准局是韩国起草和颁布标准的主要机构，隶属于贸易、工业和能源部（MOTIE）。该机构是重要的国际标准组织 ISO、IEC 和 PASC 的成员。

韩国技术标准局最初成立于 1883 年，最初是矿物分析与测试实验室。直到后来，它才承担起质量、消费者和工业安全方面的职能。目前 KATS 是一个集标准化、合格评定及计量工作于一身的机构。它既承担着韩国国家标准的制定、修订工作，代表韩国参加国际标准化活动；又承担着合格评定体系建设任务。韩国技术标准局下设技术政策局、产品安全政策局、知识工业标准局、标准技术基础局。技术政策局主要负责标准化与合格评定工作；产品安全政策局主要负责消费品安全和计量工作；知识工业标准局是在原有的先进技术和标准部的基础上新组建的机构，主要负责高新技术领域的标准化工作，诸如材料与纳米技术标准化工作、信息与通信标准化工作，并增加了知识产权工作等；标准技术基础局是在原有的标准技术援助部的基础上改编的，主要负责基础性标准化工作，如机构建筑标准化、电气电子标准化工作等。

1. 成立过程

1883 年，KATS 最初成立为铸币局下属的分析和测试实验室，负责生产硬币以及分析、加工和精炼金属矿物，主要支持技术开发，并在工业进步管理局下对消费品进行测试、分析和评估。然而，后来与工业标准和消费品质量安全相关的职能被整合到该组织中，成为中小企业管理局的附属机构。

1999 年，在商业、工业和能源部（MOCIE）的领导下，KATS 被定位为韩国具有代表性的国家标准化机构，监督各种活动：制定韩国工业标准（KS）；控制消费产品的质量和安全；维护法定计量系统的运行；管理技术评估和最先进技术和产品的认证等。

此外，2006 年，KATS 加强了标准和产品安全方面的政策活动，并对部门进行了重组，建立了消费者友好型和基于绩效的管理体系，以积极参与提高生活质量，在贸易、工业和能源部的主持下，KATS 重新安排了 4 个局和 22 个司的组织结构，以提高组织的效率和能力。

2. 宗旨和任务

KATS 旨在促进韩国的国际标准化。

KATS 的任务是提供技术基础设施，支持韩国企业通过技术和质量评估和认证获得国际认可，以加强产品安全；通过标准化提高生活质量。

为了实现上述任务，KATS 承诺将韩国工业标准（KS）与国际标准相协调，管理国家法定计量系统以认证测试，开展标准化研究，以及认可标准化、合格评定和法定计量领域的国际互认协议。

4.4 其他相关国际组织

4.4.1 电气与电子工程师学会标准协会（IEEE-SA）

电气与电子工程师学会（Institute of Electrical and Electronics Engineers，IEEE）于 1963 年由美国电气工程师学会（AIEE）和美国无线电工程师学会（IRE）合并而成，是美国规模最大的专业学会。IEEE 在计算器工程、生物医疗科技、电讯、电力、航空和电子消费品等方面，都有领导性的权威。IEEE 在全球 150 个国家拥有超过 35 万会员，分设 10 个地区和 206 个地方分会，设有 31 个技术委员会。

作为全球最大的专业学术组织，IEEE 在学术研究领域发挥重要作用的同时也非常重视标准的制定工作。IEEE 专门设有 IEEE 标准协会（IEEE Standard Association，IEEE-SA），负责标准化工作。IEEE-SA 下设标准局，标准局下又设置两个分技术委员会，即新标准委员会（New Standards Committees）和标准审查委员会（Standards Review Committees）（见图 4-7）。IEEE 接受美国国家标准组织的赞助，IEEE-SA 的标准制定内容有电气与电子设备、试验方法、元器件、符号、定义以及测试方法等。

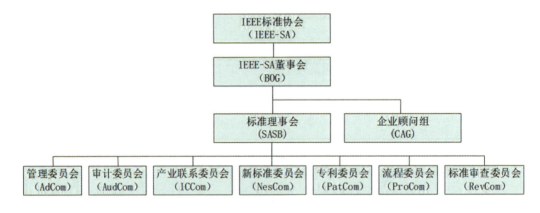

图 4-7　IEEE-SA 组织架构

IEEE-SA 通过 IEEE 汇集了来自各种技术领域和不同地域的个人和组织，以促进标准开发和标准制定的相关合作；与 160 多个国家的专家学者一起，鼓励创新，促进国际市场的创建和扩展，推动健康和公共安全事业。

IEEE-SA 由董事会（BOG）管理。董事会专门监督管理 IEEE-SA 关键运营方面的委员会数量。IEEE-SA 标准委员会直接向 BOG 报告，并监督 IEEE 标准开发过程，所有董事会成员和委员会成员必须是声誉良好的 IEEE-SA 成员。

IEEE-SA 标准开发过程对成员和非成员都是开放的。然而，IEEE-SA 成员资格通过提供额外的投票和参与机会，使参与者能够更深入、更有意义地参与标准开发过程。IEEE-SA 成员是标准开发的驱动力，提供技术专长和创新，推动全球参与，并不断推广新概念。IEEE-SA 还与来自世界各地的国际性、地区性和国家组织接触和合作，以确保 IEEE 标准在 IEEE 和全球社区中的有效性和高可见性。

4.4.2 国际大电网委员会(CIGRE)

国际大电网委员会(International Council on Large Electric systems，CIGRE)是电力系统领域的非营利性专业协会。CIGRE 成立于 1921 年，总部设在法国。其业务涉及技术、经济、环境、组织、管理等方面。截至 2023 年，CIGRE 有接近 20000 名会员，涵盖研究人员、学者、工程师、技术人员、供应商、监管者和其他决策者等；现有 60 多个国家委员会(NCs)，每个委员会至少有 40 名成员，其中部分委员会的成员多达数百人。

1. 组织架构

CIGRE 大会(General Assembly，GA)是 CIGRE 的代表大会，大会根据 CIGRE 治理实践做出决定。

CIGRE 技术委员会(Technical Council)由 16 个专业委员会(Study Committees)主席、技术委员会主席和选定的行政委员会代表组成(见图 4-8)。专业委员会及其工作组是 CIGRE 的技术基础，在技术委员会代表的 CIGRE 的统一目标下运作。

CIGRE 行政理事会(Administrative Council)由各国家委员会主席(或其批准的代理人)和前任主席等其他人组成，负责审查和批准本组织的计划。

CIGRE 指导委员会(Steering Committee)作为行政理事会的执行和战略部门，提出战略建议以供行政理事会批准。

CIGRE 国家委员会(National Committees)在各自国家运作，并在行政理事会派出代表。各国家委员会在其本国推广 CIGRE 的价值观和活动。

CIGRE 区域理事会(Regional Council)协助各国家委员会实现更大的经济规模和更方便的协作：

- 亚洲大洋洲区域理事会(AORC)包括澳大利亚、中国、海湾阿拉伯国家(GCC)、印度、印度尼西亚、伊朗、日本、约旦、韩国、马来西亚、新西兰和泰国的国家委员会。

- 伊比利亚-美洲区域理事会(RIAC)包括阿根廷、巴西、智利、哥伦比亚、墨西哥、巴拉圭、秘鲁、葡萄牙和西班牙的国家委员会，以及玻利维亚、哥斯达黎加、多米尼加共和国、厄瓜多尔、危地马拉、乌拉圭和委内瑞拉的成员。

- 北欧区域理事会(NRCC)包括丹麦、爱沙尼亚、芬兰、冰岛、挪威和瑞典的国家委员会以及拉脱维亚和立陶宛的成员。

● 东南欧区域理事会(SEERC)包括奥地利、波斯尼亚和黑塞哥维那、克罗地亚、捷克和斯洛伐克共和国、格鲁吉亚、希腊、匈牙利、以色列、意大利、科索沃、黑山、北马其顿、罗马尼亚、塞尔维亚、斯洛文尼亚、图尔基耶和乌克兰的成员。

CIGRE 的中央办公室(Central Office)由秘书长领导,在本组织核准的指导方针范围内处理本组织的日常运作。此外,CIGRE 专门成立了小组来支持和发展年轻成员(Next Generation Network, NGN)和能源领域的女性(Women in Energy, WiE),以加强 CIGRE 的年龄和性别平衡。

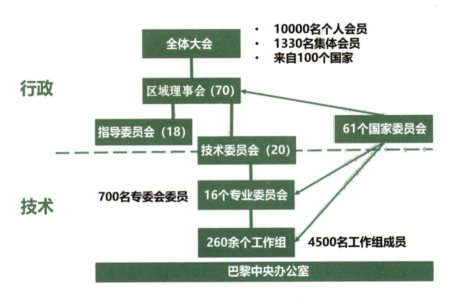

图 4-8　CIGRE 组织架构(2023 年)

2. CIGRE 专业委员会的划分

专业委员会的主要活动是确定需要研究的技术问题,通过国际合作推进问题的研究进展以及相关领域的知识传播。CIGRE 将其研究范围划分为 4 个领域和 16 个专业委员会,以第 1 位字母区分,例如 A—电力设备,B—电网,C—电力系统,D—材料与信息,见表 4-1。

表 4-2 CIGRE 专业委员会的划分

SC	名称	研究范围
A1	旋转电机	机电能量转换设备、发电旋转电机、电网支持和工业应用中的能量转换，研究、开发、设计、制造和测试发电和机电能量转换设备及其相关辅助设备，调试、运行、状况评估、维护、延长寿命、翻新、升级、提高效率、转换、储存和取消调试
A2	变压器和电抗器	各种变压器、电抗器及其部件的设计、经济性分析、试验
A3	输配电设备	1kV 以上配电和输电设备、高压设备，与电网的相互影响和试验，电网可靠性，资产管理
B1	绝缘电缆	有关各种交流和直流电缆的技术
B2	架空线路	涵盖架空线路设计(交流和直流)的所有方面，包括建设、维护电路，现有线路的修改和环境考虑，设备包含导线、光缆、杆塔及金具、塔基和接地系统
B3	变电站和电力装置	新型变电站设计概念，包括支持能源转换(海上风能、光伏、氢能、储能、电动汽车充电基础设施等)和减少碳足迹影响的新技术和应用；变电站数字化的智能集成，包括新的数字技术(人工智能、物联网、3D 技术等)和各类变电站的应用，更多地使用先进的信息和通信技术
B4	直流系统和电力电子	用直流设备和系统，包括变流器技术和半导体器件；用于交流系统和提高电能质量的电力电子技术、先进的电力电子技术和应用
B5	保护和自动化	系统保护、变电站控制和自动化、远方控制系统、计量系统和设备
C1	系统发展及其经济性	系统的静态和动态分析、安全性和充裕度评估、用电力电子技术改进稳定性和动态行为、输电费定价、资产优化管理、互联的规划、需求侧管理
C2	系统运行与控制	电力系统分析和安全评估、频率和电压控制、阻塞管理、备用策略、电厂与系统的相互影响、系统性能的评估、电力市场对电力系统运行的影响、调度员培训仿真器
C3	系统环境性能	电力系统对环境的影响、监视、管理和控制
C4	系统技术性能	电能质量、电磁兼容、防雷、绝缘配合
C5	电力市场和监管	与 C1 和 C2 紧密联系研究各种方法、市场结构、需求预测、价格预测、财经风险管理、输电费和辅助服务费的管制

续表

SC	名称	研 究 范 围
C6	主动配电系统与分布式能源	大量分布发电对电力系统结构和运行的影响、农村电气化、需求侧管理
D1	材料和新兴测试技术	电工学新材料、诊断技术、新出现的绝缘技术
D2	信息系统和通信	声音、图像、遥控、SCADA、DMS、EMS、量测、收费系统等各种类型的数据传输、采集、确认、管理、远方通信设备、网络、信息流控制、系统的安全性、经济性、透明性，以及相关规则

除上述研究领域外，CIGRE 还将重点关注以下领域以适应能源转型：氢能、储能、光伏和风能、柔性电网、终端用户参与、可持续发展与气候、水力、热能和核能发电。

CIGRE 中国国家委员会秘书处设在中国电机工程学会，由中国电机工程学会负责其行政管理。IEC 国际标准促进中心（南京）承担 CIGRE 中国国家委员会会员服务中心职能，负责收缴 CIGRE 会员会费、管理会籍，组织会员参与 CIGRE 活动，分享有关资料和信息等。CIGRE 的各专业委员会都有中国委员，这对加强我国电力科技工作者与国际同行之间的接触与交流，互相沟通信息，展示国家实力，促进我国在相关领域的发展，是非常有利的。

4.5 标准化机构合作

标准化机构之间是通过联络和标准化举措进行协作的。区域标准化机构与国际标准化机构有着密切的联系与合作关系（见图 4-9），除了加强情况交流、委派人员参加会议外，更重要的是加强标准的协调。

不同层次标准化机构之间的协调是推动标准化的重要方式，其目标是确保各标准组织充分利用各方资源，共享资料，增加程序的透明度，并减少在国家、区域或国际层面上不必要、重复的工作。以欧洲的标准化机构为例，为了实现欧洲标准与国际标准趋同，1990 年 11 月，国际电工委员会和欧洲电工标准化委员会在瑞士卢加诺签订了双边合作协定《IEC/CENELEC 卢加诺协定》；1991 年 6 月，国际标准化组织与欧洲标准化委员会在奥地利维也纳签订了技术合作协定《ISO/CEN 维也纳协定》；1996 年国际电工委

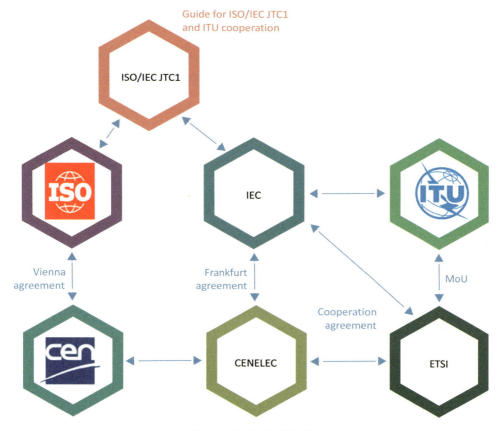

图 4-9 标准化机构合作

员会和欧洲电工标准化委员会又在德国德累斯顿签署了《IEC 与 CENELEC 技术合作协定》(德累斯顿协定)。此外,ITU 也与 ETSI 在 2000 年签署了标准化协作方面的备忘录(MoU)。

4.5.1 IEC 与 ISO

ISO 同国际电工委员会(IEC)的关系最为密切。1947 年 ISO 成立时,IEC 即与 ISO 签订协议:作为电工部门并入 ISO,但在技术和财政上仍保持其独立性。1976 年,ISO 与 IEC 达成新的协议:两组织都是法律上独立的团体并自愿合作。双方协议分工为:IEC 负责电工电子领域的国际标准化工作,其他领域的国际标准化工作则由 ISO 负责。

IEC 和 ISO 的原则基本相同,并且遵循同一套标准开发流程(ISO/IEC 导则),因此双方按照导则规定的合作模式以及各组织内部意见持续开展合作。

1. 治理层面

ISO 技术管理局(TMB)和 IEC 标准管理局(SMB)每年共同举办 TMB-SMB 联合会议，持续从各类 SMB/TMB 联合工作组中获取达成一致的指令、横向交付成果和远程灵活会议指导。

2. 战略层面

双方共同发起关键倡议，如 IEC/ISO SMART 计划及分计划，涵盖商业模式、应用案例、合格评估和沟通等核心要素。该计划的联合团队创建了公共用例库来跟踪和分析 SMART 应用案例，推动术语、数据分析、技术试点和学习成果在 IEC/ISO、成员和技术委员会之间共享，为 SMART 的持续紧密合作和成功应用奠定了基础。

3. 联合技术委员会

双方为不断推进实现共同目标，避免重复工作，促进国际标准化工作在全球的应用，并为各自的成员提供支持，成立了联合技术委员会(JTC)。

1987 年，ISO 与 IEC 共同成立了信息技术联合技术委员会(ISO/IEC JTC1 Information Technology)负责制定信息技术领域中的国际标准，秘书处由美国标准学会(ANSI)担任，它是 ISO、IEC 最大的技术委员会，其工作量几乎是 ISO、IEC 的 1/3，发布的国际标准也是 1/3，并且更新很快。该委员会经 ISO、IEC 理事会授权使用特殊的标准制订程序，因此标准制订周期短，出标准快，但标准的寿命也短，有的几个月之内发布，过了几个月又马上开始修订。这主要是信息技术迅速发展造成的。该委员会下设 20 多个分技术委员会，其制订的最有名的 OSI(开放系统互联)标准，成为各计算机网络之间进行接口的权威技术，为信息技术的发展奠定了基础。IEC 与 ISO 使用共同的情报中心，为各国及国际组织提供标准化信息服务，相互之间的关系越来越密切。

2024 年，双方联合成立了量子技术联合技术委员会(IEC/ISO JTC3 Quantum technologies)和生物数字融合联合系统委员会(IEC/ISO JSyC BDC Bio-digital convergence)。此前，双方还联合成立了联合项目委员会，共同研究能源效率和可再生能源-国际通用术语(ISO/IEC JPC 2 Energy efficiency and renewable energy sources-Common international terminology)，目前已解散。

4.5.2 IEC 与 CENELEC

CENELEC 与 IEC 有着密切合作,为了促进欧洲电气行业和国际标准制定活动之间的共识发现过程,CENELEC 与 IEC 在 1996 年就签署了《德累斯顿协议》(Dresden Agreement),在电气相关领域建立了达成共识的流程框架,旨在避免重复工作、减少标准的准备时间。因此,一旦有新的电气相关标准,都会由 CENELEC 和 IEC 统一协调计划,并确认该标准的级别,到底是国际标准还是欧洲标准。大致的流程是:由 CENELEC 先提交新的工作项目(New Work Item)至 IEC。若 IEC 接受了该工作项目,则意味着 IEC 将进行后续的标准编写;否则将由 CENELEC 来主导该标准的编写,并允许 IEC 参与后续的公开征询(Public Enquiry)。CENELEC 和 IEC 在标准化过程中采用并行投票(即两个组织同时投票)的方法。

经过 20 年的卓有成效的合作,CENELEC 和 IEC 达到了高水平的技术一致性(接近 80% 的 CENELEC 标准与 IEC 标准相同或基于 IEC 标准)。CENELEC 和 IEC 于 2016 年 10 月 17 日通过签署法兰克福协定再次确认了他们的长期合作关系。在双方经验的基础上,这项新协议保留了德累斯顿协议所传达的精神和方法,特别是 CENELEC 支持国际标准化至上的战略承诺。法兰克福协定还包括多项内容更新,旨在简化并行投票流程,并通过新的参考系统来提高欧洲采用国际标准的可追溯性。

4.5.3 IEC 与 IEEE-SA

技术跨越国界,并因技术创新而蓬勃发展。在当今的全球市场中,生产者和消费者对产品和服务的互操作性提出更高要求。为满足开发人员、终端用户以及市场的需求,应大力促进国际标准制定流程的精简高效化,从而减少起草和发布国际标准所需时间,并可避免个人、组织和国家之间的重复工作。

为此,IEC 和 IEEE 标准协会共同致力于采用、修订和联合开发与市场相关的标准。两个组织于 2002 年 10 月签署了一项重要协议,即 IEC/IEEE 双重标志协议,其中两个组织的徽标出现在同一个标准上:

(1)2002 年 10 月:允许 IEC 采用现有的 IEEE 标准,作为 IEC/IEEE 双徽标国际标准。

(2)2007 年 6 月:IEC/IEEE 双徽标维护协议,允许 IEC 和 IEEE 联合维护团队修订

IEC 在 IEC/IEEE 双徽标下采用的标准协议。

(3) 2008 年 7 月：IEC/IEEE 联合开发协议，允许 IEC 和 IEEE 共同开发新的标准或修订现有标准。

> 【知识拓展】国际标准案例（IEC/IEEE 63198）
>
> 《智能水电厂技术导则》国际标准项目于 2018 年获得 IEC、IEEE 批准立项，由国电南瑞科技股份有限公司专家担任 IEEE 工作组主席及 IEC 项目组联合负责人。该项标准规范了智能水电厂的定义、特征、系统架构、智能设备、一体化管控平台及智能应用的技术要求，对常规水电站和抽水蓄能电站智能化布局提出前瞻性的方案，对国际水电行业智能化建设起到重要规范和引领作用。
>
> IEC/IEEE 63198—2775《智能水电厂技术导则》于 2022 年 4 月 7 日以 100% 赞成票一次性通过 IEEE 投票，2022 年 6 月 13 日其委员会草案又以 100% 赞成票一次性通过 IEC 投票，是国内水电领域首个 IEC 和 IEEE 双标国际标准。该标准填补了世界范围内智能水电厂技术领域的空白，极大地提升了我国水电技术领域的国际影响力和技术竞争力。

本章知识要点

(1) 标准化机构的分类，包括国际标准化机构、区域标准化机构、国家标准化机构及事实性国际标准组织等。

(2) 三大国际标准化组织之间的关系、IEC 与 ISO 之间的合作与分工等。

(3) IEC 与重要区域标准化机构及其他相关国际组织之间的合作关系。

思考题

(1) 世界三大国际标准组织指的是（多选）：

  A. IEC B. ITU C. ISO D. IEEE

(2) 欧洲标准化委员会的简称是：

  A. PASC B. CENELEC C. CEN D. ARSO

(3)BSI是哪个国家的标准化机构？

　　A. 德国　　　　B. 英国　　　　C. 美国　　　　D. 日本

(4)CIGRE主要聚焦哪几个研究领域？（多选）

　　A. 电力设备　　B. 电网　　　　C. 电力系统　　D. 材料与信息

(5)IEC与ISO在通信领域合作成立的联合技术委员会是：

　　A. JTC1　　　　B. ANSI　　　　C. IEEE　　　　D. MoU

[参考答案]

1. ABC　2. C　3. B　4. ABCD　5. A

本章参考文献与资料

[1]国家标准化管理委员会. 国际标准化教程[M]. 3版. 北京：中国标准出版社，2021.

[2]宫轲楠，计雄飞. 非洲标准组织的现状与发展[J]. 标准科学，2017，(04)：90-96.

[3]全国标准信息公共服务平台. 英国标准协会(BSI). [2024.1.12]. https：//std.samr.gov.cn/gw/search/gwOrgDetailed? id=663D527248B4BCE3E05397BE0A0A8369.

[4]全国标准信息公共服务平台. 德国标准化学会(DIN). [2024.1.12]. https：//std.samr.gov.cn/gw/search/gwOrgDetailed? id=663D527248B3BCE3E05397BE0A0A8369.

[5]全国标准信息公共服务平台. 日本工业标准调查会(JISC DIN). [2024.1.12]. https：//std.samr.gov.cn/gw/search/gwOrgDetailed? id=663D527248B7BCE3E05397BE0A0A8369.

[6]中韩标准信息平台. 韩方介绍. [2024.1.12]. http：//china-korea.standards-portal.cn/cnf/koreazh/hfjs.html.

[7]中国电机工程学会. 国际大电网委员会(CIGRE)简介. [2024.1.12]. https：//www.csee.org.cn/portal/xpgjcig/20200831/28566.html.

[8]IEC-CENELEC Frankfurt Agreement. [2024.1.12]. https：//assets.iec.ch/iecwebsite/partners/IEC-CENELEC_Frankfurt_Agreement%7B2016%7D.pdf.

[9]IEC-IEEE Co-operation and License Agreement. [2024.1.12]. https：//assets.iec.ch/iecwebsite/partners/IEC-IEEE_Coop_Agreement%7B2002%7D.pdf.

注：除注明的参考文献和资料外，其他内容来源于各标准化机构官网。

第 5 章 中国与 IEC

在全球化的今天,标准化不仅是工业化的基石,更是国际贸易和科技交流的重要桥梁。回首百年,我国的标准化伴随着民族工业的诞生而兴起,它见证了国家工业化进程中那段波澜壮阔的壮丽历程。自 1957 年正式加入 IEC 以来,中国将积极参与 IEC 国际标准化活动作为一项重要的技术经济政策予以推进,中国在国际标准化领域完成了从"跟跑者"到"领跑者"的伟大转身。

近年来,中国在国际标准化领域扮演着越来越重要的角色,中国专家参与 IEC 国际标准化工作的广度在不断拓展,深度也在不断加深。在全球绿色能源转型背景下,中国依托可再生能源、电动汽车、智能电网等新兴领域的技术优势,通过推动相关国际标准的制定和完善,提升中国在国际标准化工作中的影响力和掌握话语权,为全球环境治理和可持续发展提供标准引领,为全球电工电子领域的标准化工作贡献中国智慧和中国方案。中国对 IEC 越来越重要,IEC 对中国也越来越重要。

5.1 中国是国际标准化的重要参与者

5.1.1 1949 年以前的中国曲折的标准化发展史

标准化与工业化相伴相生,从蒸汽机的应用到近代工业的流水线生产,每一次工业化的跃升都伴随着新技术与新标准的形成和应用。然而旧中国落后的近代工业无力支撑标准化事业的发展。

中国标准化事业的萌芽和近代民族工业的兴起息息相关。19 世纪 60 年代起,以"富国强兵"为目标的洋务运动开始兴起,以李鸿章、张之洞为代表的晚清洋务派大规模引进西方先进的科学技术，兴办近代化军事工业，用以生产新式武器，建立新式军队以求"自强"。为解决军用工业的原料、资金、运输等问题，进而又大力兴办民用工业、矿业和运输业以"求富"。中国民族工业的兴起，也相应地带动了标准化意识的觉醒。1908 年，清政府颁布了《奏定度量权衡画一制度图说总表推行章程》（见图 5-1），共有 40 条。随着清末新政的推行，清政府农工商部也设立了度量衡局，建立度量衡厂，从中央到地方，逐步推行相应的标准化政策。可是半殖民地半封建社会的现实使得当时的中国民族工业难以自立，这些在工业生产领域实施标准化工作的努力也终究化为了泡影。当时，社会上多种标准制混存是一种常态。

图 5-1　清政府颁布的《奏定度量权衡画一制度图说总表推行章程》封面

中华民国元年，工商部提出了新度量衡改革方案，完全移植了公制。由于忽视了如何与本国实际相结合的问题，该方案最终夭折。1914 年，张謇出任农商总长，重新着手进行度量衡改革。在充分吸收清末改制方案和民国元年方案优点的基础之上，创造性地设计出"甲、乙制并行"的新方案。然而限于诸多因素，这一标准化政策的推行并不顺利。

到了国民政府时期，在当时国际上"标准化""合理化"浪潮的推动下，国民政府开展了一系列标准化工作。1928 年 7 月 18 日，《中华民国权度标准方案》发布，规定以公制为权度的标准制，市用制为辅制。1929 年 2 月 16 日，国民政府颁布《中华民国度量衡法》。国民政府实业部于 1934 年 3 月草拟了《工业标准化委员会简章》，并由行政院公布实施，12 月成立了工业标准化委员会，成立了各专门委员会，起草了几百个标准草案，还翻译了国外标准三千多种。该委员会下设土建、机械、电气、汽车、化工、矿冶、染织、农业医药器材等专业标准化委员会，由政府各部门、学术团体、省主管工业团体、厂矿代表等组成，还聘请了各方面专家一百余人。

1941 年 6 月，国民政府交通主管部门颁布了《公路工程设计准则草案》。1944 年 6 月，国民政府首次颁布了《等比标准数》《标准直径》《工业制图》等 3 个国家标准。1947 年又相继颁布了《标准法》《国家标准制定办法》(见图 5-2)《产品质量标记》等法规文件。同年 10 月，中国参加了国际标准化组织(ISO)成立大会。

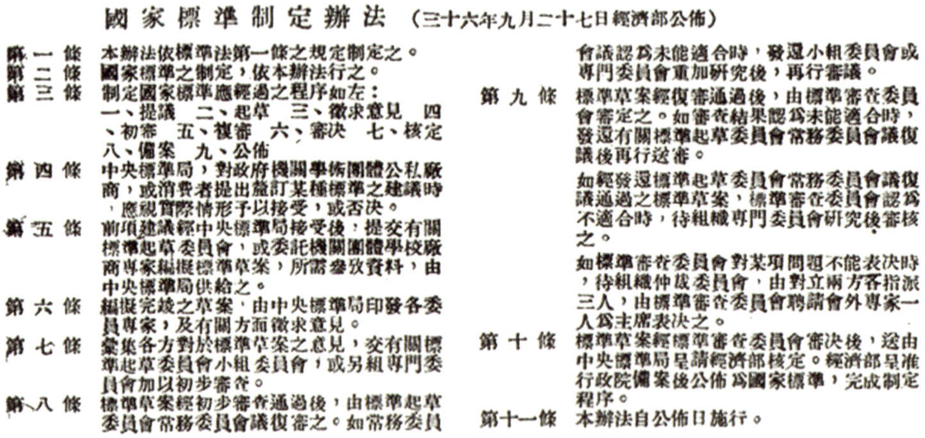

國家標準制定辦法　(三十六年九月二十七日經濟部公佈)

第一條　本辦法依標準法第一條之規定制定之。

第二條　國家標準之制定，依本辦法行之。

第三條　制定國家標準應經過之程序如左：
一、提議　二、起草　三、徵求意見　四、初審　五、複審　六、審決　七、核定　八、備案　九、公佈

第四條　中央標準局，對政府機關學術團體公私廠商，或消費者提出釐訂某種標準之建議時，應視實際情形予以接受，或否決。

第五條　前項建議經中央標準局接受後，提交有關標準起草委員會，或委託機關團體學校廠商專家編擬標準草案，所需參攷資料，由中央標準局供給之。

第六條　編擬完竣之草案，由中央標準局印發各委員專家，及有關方面徵求意見。

第七條　彙集各方對於標準草案之意見，交有關標準起草委員會小組委員會，或另組專門委員會加以初步審查。

第八條　標準草案經初步審查通過後，由標準起草委員會常務委員會議復審之。如常務委員會議認爲未能適合時，發還小組委員會或專門委員會重加研究後，再行審議。

第九條　標準草案經復審通過後，由標準審查委員會審定之。如審查結果認爲未能適合時，發還有關標準起草委員會常務委員會議復議後再行送審。
如經發還標準起草委員會常務委員會議復議通過之標準草案，標準審查委員會認爲不適合時，待組織專門委員會研究後審核之。
如標準審查委員會對某項問題不能表決時，待組織仲裁委員會，由對立兩方各指派三人，由標準審查委員會聘請會外專家一人爲主席表決之。

第十條　標準草案經標準審查委員會審決後，送由中央標準局呈請經濟部核定。經濟部呈准行政院備案後公佈爲國家標準，完成制定程序。

第十一條　本辦法自公佈日施行。

图 5-2　《国家标准制定办法》

1947 年 3 月，国民政府将工业标准化委员会改组为中央标准局。由于开展标准化工作不多，全国统一的标准又太少，在工业生产领域，许多应该统一的标准并没有实现统一。以钢铁工业为例，钢筋和钢轨执行的是英国标准，盘条则是德国标准，钢窗材料采用的是比利时标准，滚珠钢则是瑞典标准，铸铁管却是日本标准。而在电力工业中的电压等级也各不相同，既有日本的 100V、50Hz，也有美国的 110V、60Hz，还有德国的 125V、50Hz，甚至同一地区也执行不同的标准。

1949 年，中华人民共和国成立，中国的标准化事业翻开了全新的一页。

5.1.2　1949 年以后的中国参与 IEC 的早期历史进程

新中国成立初期，百废待兴。如何推进中国的现代化，对于这个新生的共和国来说，是一个全新的课题。

1953年，中国开始施行了发展国民经济的第一个五年计划。"一五"计划是中国大踏步走上工业化道路的开始，包括火力发电在内的一大批电气工程项目开始建设。同年2月，中央人民政府批准成立了电器工业管理局(以下简称电工局)，隶属于第一机械工业部，这是新中国成立后的第一个全国性的电工领域管理机构。随着第一个五年计划的胜利完成，以电力工业为代表的新工业体系迅速支撑起了共和国的经济大厦，中国也开启了全面电气化的漫漫征途。

1956年，中央提出全国向科技进军，由电工局制订了电气工业发展战略规划，成为此后一段时间我国电气工业发展的纲要，电机工程领域的标准化工作也被提上日程。1956年6月，国务院科学规划委员会在其制定的《1956—1967年科学技术发展远景规划纲要》中，就把加强标准化工作列为国家重要科学技术任务之一，并提出了具体的奋斗目标。1957年，国家技术委员会设立标准局，开始对全国的标准化工作实行统一领导。同年8月，中国以中华人民共和国动力会议国家委员会名义加入国际电工委员会(IEC)。

新中国的标准化工作几乎是从零开始的。为了学习苏联的工业建设经验，中国一开始采用苏联标准。由范迪允先生编写《苏联制定标准的方法》一书成了新中国第一份标准化教材。据统计，新中国"第一个五年计划"期间，总共翻译和使用了苏联标准4587项，以支撑建国之初的工业化建设需要。此后，中国的标准化工作者渐渐发现，单纯地学习苏联标准存在很多弊端，尤其是中国的工业产品都按照苏联标准生产并不符合我国国情，而苏联推行社会主义阵营统一标准也并非为了推动国际贸易，这也给中国融入国际标准化体系带来困难。图5-3是1985年国家技术委员会颁布的第一批国家标准。

国家在推进工业化的过程中也逐步认识到标准化工作专业化的重要性。1957年7月，在北京召开的中国电机工程学会筹委会常务委员会第一次会议宣告中国电机工程学会成立。该学会是由从事电机工程相关领域的科学技术工作者及有关单位自愿组成的。1960年，中国开始以中国电机工程学会的名义参与IEC活动。

中国电机工程学会与IEC渊源颇深，其前身中国电机工程师学会在1934年成立后不久，即与位于英国伦敦的国际电工委员会(IEC)进行沟通。在1935年5月的董事会第八次会议上，学会决议成立中国电工委员会(National Electrotechnical Committee，NEC)，并向国际电工委员会提出入会申请。该项申请于当年6月27日通过，中国正式被批准为该委员会的会员国。中国成为国际电工委员会(IEC)成员国后，与IEC有了较广泛的联系，并以研究、答复IEC和各会员国的有关咨询，搜集、整理和翻译国际电工标准资料为中心工作。在抗日战争期间，中国电工委员会(NEC)虽暂停工作，但与IEC的函件来往事宜仍有专人处理。

图 5-3　1958 年国家技术委员会颁布的第一批国家标准

新中国成立后，1960—1982 年，中国电机学会作为 IEC 中国国家委员会代表中国参与 IEC 一系列活动。在这段时期，中国曾经 7 次组团参加 IEC 大会，主要是通过观察学习，了解国际科技水平。

1958 年至 1963 年，我国电力工业在"电力先行"方针的指引下，发电量和设备装机容量快速增长，技术装备现代化水平也有较大提高。全国发电量由 1958 年的 2.7531×10^{10} kW·h 增长为 1963 年的 4.8976×10^{10} kW·h，发电装机容量由 1958 年的 6.2881×10^6 kW 发展到 1963 年的 1.33287×10^7 kW。在此期间，国产 2.5 万千瓦、5 万千瓦汽轮发电机组和 7.25 万千瓦水轮发电机组投入运行，全国 10 万千瓦以上的电网由 7 个增长到 22 个。而此时，在国内制订和推行国家统一的先进技术标准，成为发展国民经济、保证实现工业生产计划的必要措施。电机工程领域积极推行系列化、通用化的工作，实行零部件和组件的通用化，完成了 20 个系列、1200 多个品种的设计，统一了产品型式和规格。在 20 世纪 50—60 年代，国家先后颁布了《机械制图》《公差与配合》等 19 个部标准，16 项电力生产运行方面的导则、规程、4 项工程建设方面的标准。

1963 年 4 月，第一次全国标准计量工作会议召开。会议讨论了我国标准化发展十年规划(1963—1972 年)，这是我国标准化工作中第一个纲领性文件，也是第一个标准化中长期发展规划。规划详细阐明了制定国家标准的范围、目标、原则和办法，规定了标准机构设置和国际协作。还对制定国家标准过程中涉及的一般性和技术性科研课题做了规定。规划要求争取到 1962 年制定的国家标准达到 6000 个，到 1967 年达到 9000 个。

为了保证规划的实现,国家技术委员会标准局和一机部等十六个部门相继编制了标准计划。至1966年已颁布国家标准1000多项,从1966年至1976年10年间,相继又颁布了400项国家标准。

1973年6月,中国派出代表团参加国际电工委员会第38届年会,恢复了自1966年起与国际电工委员会中断的联系。并在同年8月,接待了日本标准化与质量管理代表团,同年10月我国工业标准化代表团到日本考察访问,学习国外先进技术和经验,中国与世界在标准化领域交流的大门渐渐打开……

中国迫切想要跟上世界科技的发展步伐,然而融入国际标准化体系并非一条坦途,博弈无处不在。美国、德国、日本等老牌工业化国家长期把持国际标准话语权,在IEC等国际标准化组织内影响巨大。1975年,在IEC大会理事会上,一项关于各国投票权的议案引发各国代表的激烈辩论。该议案中心点在于,欲把一国一票改为按会费加权票。如按此修改,美、英、法、德、日等发达国家将获得比其他发展中国家多几倍的投票权。这无疑有损于中国和其他发展中国家的利益。中国代表、电机工程专家曹维廉以娴熟的英语作了即席发言,他提出各国在IEC的影响和威望,不取决于富国的地位,而取决于在电工技术上的贡献。最终,这项议案被否决,维护了我国和世界大多数发展中国家的正当权益。

5.1.3 参与国际任职,展现大国担当

沐浴着改革开放的春风,中国标准化事业也迎来了新气象。1979年,第二次全国标准化工作会议召开,提出了"加强管理、切实整顿、打好基础、积极发展"的方针。同年7月,国务院颁发了《中华人民共和国标准化管理条例》,并在杭州召开了中国标准化协会首次代表大会。1979年开始,国家标准化行政部门组建了234个全国专业标准化技术委员会,400多个分技术委员会,有25000多名各行各业专家、学者和标准化管理人员被聘为标准化技术委员会委员,涉及100多个标准化技术归口单位。

此时,国家对标准化工作的管理机制也发生变化。1982年国家机关进行机构改革,国家标准总局改为国家标准局。国务院有关部、委、局都设立了标准处,各部、局建立了20多个专业标准化研究所。1988年7月19日国务院为了加强政府对技术、经济监督职能,决定将国家标准局、国家计量局和国家经委的质量局合并成立国家技术监督局。1998年改名为国家质量技术监督局,直属国务院领导,统一管理全国标准化、计量、质量工作。1988年12月29日第七届全国人大常委会第五次会议通过的《中华人民共和

国标准化法》，是中国标准化事业的标志性事件。根据法律规定，中国的标准分为国家标准、行业标准、地方标准和企业标准四类。

国门初开，中断多年的对外交往重新恢复，经历了历史波折的中国机电工业与当时的国际先进水平存在很大差距，急需展开国际科技领域的合作交流，而标准化是其中的关键一环。1982年，时任国际电工委员会（IEC）主席亚当姆斯访华。借此契机，中国多次派遣相关技术领域专家到国外参加国际学术会议，逐步打开了国际学术交流的大门。中国开始将积极参与IEC国际标准化活动作为一项重要的技术经济政策予以推进。1980年在IEC第45届年会上，中国首次当选IEC执委会委员，在此后的十年间，中国参与IEC活动的机构身份也经历了多次变更。1982年1月，中国由最初的中国电机学会改为由中国标准化协会参加IEC活动；1985年又改为以中国国家标准局的名义参会；到了1989年，中国最终改由中国国家技术监督局作为中国国家委员会参加IEC。在IEC这个国际舞台上，中国的身影也越发活跃。

中国于1985年4月以中国电工产品认证委员会（CCEE）的名义参加了IECEE，并作为中国的NCB。在1988年IEC第52届年会上中国再次当选为IEC执委会委员。1990年10月，中国首次在北京承办了IEC第54届年会。原IEC中国国家委员会主席、原国家技术监督局副局长鲁绍曾当选为IEC副主席。1990年CCEE所属9个实验室成为IECEE-CB实验室，中国成为IECEE的全权成员国。1994年IEC理事会通过"未来技术主席顾问委员会（PACT）"成员组成名单，原国家质量技术监督局副局长王以铭作为唯一的发展中国家成员入选。

IEC大会是IEC最高级别会议，负责对IEC重大国际标准化战略和政策等管理事务进行决策，研究通过IEC章程修改决议，批准发布IEC战略发展规划，进行IEC主席、副主席等重要领导职务选举，审议通过IEC秘书长的工作报告等。IEC大会具有会期长、规模大、规格高、活动多等特点，世界各国历来竞相承办，参会人数众多。中国于1990年、2002年和2019年分别承办了第54届、第66届和第83届IEC大会。这标志着中国实质性参与IEC国际标准化活动取得了长足的进步。

2011年10月28日，在澳大利亚召开的第75届IEC大会理事会正式通过了中国成为IEC常任理事国的决议。IEC"入常"是继2008年成为国际标准化组织（ISO）常任理事国之后，中国在国际标准及合格评定活动中取得的又一次历史性重大突破。实现IEC"入常"，意味着中国将无须竞选，可以连续担任IEC核心管理机构——IEC局（IB）、标准化管理局（SMB）、合格评定局（CAB）的常任成员。这为中国在国际标准领域拥有更多决策权与话语权打开通路，越来越多的中国专家积极投身于国际标准组织的工作，参与国际任职，展现大国担当。

2003年，时任国家认监委主任的王凤清当选IEC理事局(CB)的成员。

2006年9月IEC第70届年会上，时任国家质检总局副局长葛志荣当选为IEC理事局(CB)的成员，时任国家认监委认证部主任陆梅，接任时任国家认监委副主任谢军，当选IEC合格评定局(CAB)的成员，时任国家认监委国际合作部国际组织处副处长杜春景接任时任国家认监委国际合作部主任薄昱民，为接任IEC CAB替代成员。时任国家标准委主任助理宿忠民、国家标准委高新技术部主任刘霜秋当选为IEC标准局(SMB)的成员，时任国家标准委国际标准部国际组织处副处长郭晨光为替代成员。

2013年中国专家舒印彪当选为IEC副主席，主持IEC市场战略局工作。舒印彪的出色领导力和专业素养、良好的团队意识和沟通能力，得到了国际同行的高度认可。

2015年1月，张晓刚正式就任国际标准化组织(ISO)主席，加上国际电工委员会(IEC)副主席舒印彪、国际电信联盟(ITU)秘书长赵厚麟，中国在三大国际组织均担任重要职务。

2018年10月22日至26日，在韩国釜山召开的第82届国际电工委员会(IEC)大会上，各国家委员会一致提名并选举时任中国国家电网有限公司董事长舒印彪为国际电工委员会第36届主席，任期为2020年至2022年。这是该组织成立112年来，首次由中国专家担任最高领导职务，具有里程碑意义。本次大会上，时任市场监管总局认证监管司司长刘卫军当选IEC理事局(CB)成员、认证监管司副司长薄昱民当选IEC合格评定局(CAB)成员、标准创新司副司长肖寒当选IEC标准局(SMB)成员。

目前，中国承担了IEC技术机构的15个主席、副主席和15个秘书处工作(见表5-1)，以积极成员身份参与了100%的IEC技术委员会和分技术委员会，注册来自政府、企业、科研机构的国际标准专家2000多名。借助高层职位积极推动参与，中国国际标准化工作取得了长足进步，承担IEC技术机构主席、秘书处数量从零上升到各成员国的第6位，贡献IEC国际标准提案从几年一项增长到每年40多项，成为参与IEC国际标准化活动很积极的国家之一。

表5-1 中国承担IEC技术委员会秘书处

委　员	名　称
TC 5	小汽轮机
TC 7	架空电导体

续表

委员	名称
TC 8/SC 8A	可再生能源接入电网
TC 8/SC 8B	分布式电力能源系统
TC 8/SC 8C	电力网络管理
TC 32/SC 32C	小型熔断器
TC 59/SC 59A	电动洗碗机
TC 85	电工和电磁量测量设备
TC 115	100kV 以上高压直流输电
PC 118	智能电网用户接口（已解散）
PC 127	电力厂站低压辅助系统
PC 129	电力机器人
PC 130	医用冷藏设备
SyC SET	可持续电气化交通
ISO/IEC JTC 1/SC 43	脑机接口

5.1.4 为国际标准化贡献中国智慧

进入 21 世纪以来，掌握国际标准制定主导权已成为大国科技与产业竞争的新战略制高点，新技术委员会（TC）作为负责开展国际标准制定相关工作的关键机构，成为衡量一个国家科技实力与国际影响力的重要参考指标。

中国于 1957 年加入 IEC，但直到 2003 年才得以承担首个 IEC 技术委员会秘书处工作。2011 年 10 月，我国成为 IEC 常任理事国，同时成为 IEC 理事局和标准化管理局常任成员，先后担任 IEC 输配电咨询委员会、特高压战略组、智能电网战略组、电动汽车战略组成员。2008 年以来，以国家电网公司为代表的中国企业在 IEC 主导成立了高压直流输电、智能电网用户接口、可再生能源接入电网、特高压交流系统和分布式能源电力系统 5 个新技术委员会，并承担 5 个秘书处工作和 1 个主席职务，为我国参与国际标准制定提供了重要实操经验。在特高压交直流、智能电网用户接口、智能调度、电动汽车充换电、分布式电源等新兴技术领域，逐步改变了长期以来我国在电力能源领域"按别人规矩办事"的被动局面。

2003年，是中国在国际标准化领域取得重要突破的一年。中国从英国承接了IEC/TC 7架空输电导线技术委员会秘书处的工作，这也是中国承担的第一个IEC技术委员会秘书处。同年，又从匈牙利承接了IEC/TC 85电工和电磁量测量设备技术委员会秘书处工作。

IEC/TC 7"架空输电导线技术委员会"的工作主要是制定、修订采用新型材料的非金属导线、采用前沿技术的超导输电线以及与通信相关的光纤输电电缆等产品的IEC标准。IEC/TC 85的主要工作是制定、修订各类测量、检测、计量仪器设备的IEC标准。

IEC/TC 85是IEC下设的第85个技术委员会，名称为电工和电磁量测量设备委员会(Measuring Equipment for Electrical and Electromagnetic Quantities)，工作范围是为用于稳态和动态(包括暂态和瞬变)的电工及电磁量的测量、测试、复发测试、监测、评估、发生及分析的设备、系统和方法及其校验装置制定国际标准。这些设备包括测试配电系统及连接设备安全性的装置、电量变送器、信号发生器、记录仪及上述设备的附件。自1983年成立以来，IEC/TC 85共制定标准47项，覆盖电工及电磁量测量设备领域内的主要技术和产品，在世界范围内得到广泛的应用及高度认可。

特高压直流输电在世界上具有广阔的应用前景，由于各国直流工程互不联网，各单一工程的技术条件和要求常有显著的区别，缺乏统一的标准，IEC中也仅仅是在某些设备技术委员会中会涉及直流相关的内容，并没有一个专门的标准委员会系统开展这方面的标准化工作。得益于中国在特高压直流输电领域的突出成就，2008年8月，IEC标准管理局(SMB)投票通过了中国提出的成立IEC/TC 115(100kV及以上高压直流输电技术委员会)的提议，并将秘书处设在中国，这为由中国主导推动直流输电国际标准化工作奠定了良好基础。

IEC/TC 115名称为"100kV及以上高压直流输电技术委员会"，工作范围是100kV及以上高压直流输电技术标准，主要制定高压直流输电的系统方面的标准，包括直流输电设计、技术要求、施工调试、可靠性和可用率、运行和维护。IEC/TC 115是我国第一个自主提出并获准秘书处设在中国的IEC技术委员会，它在我国国际标准化工作中实现了从无到有、零的突破，它的成功筹建也开创了我国由技术创新带动标准引领的全新工作思路，为我国实质性参与国际标准的制定、修订，加强国际化交流和合作提供了一个平台，也为将我国高压直流输电领域技术成果推向国际提供了一个窗口。

IEC/TC 115成立至今成员在不断壮大，国际影响力也逐年增强，已由成立之初的12个P成员国发展成为15个P成员国、9个O成员国。中国专家参与IEC/TC 115的数量也逐渐增加。截至 2020 年底，中国累计注册专家总数共 48 人参加 IEC/TC 115 工作组，工作组参加覆盖率 100%，是 IEC/TC 115 所有 P 成员国家中参与人员最多的国家。

国际标准的制定周期长，需要协调的事项多，一项 IEC 的标准从立项到最后发布至少需要 2~3 年的时间。作为国际标准体系的后来者，我国在逐步熟悉规则的同时，还要面对成长为国际标准领域占据主导地位的工业化国家的挑战。

当前在智能电网等领域，各国的规划、研究和建设基本上处于同一起跑线，欧洲、美国和日本等发达国家都在积极争取相关国际标准制定的主导权。我国专家深刻认识到了标准化工作的紧迫性和时效性，并结合实践研究确定标准化战略，充分利用在特高压、智能电网等领域已有的技术优势，加快自主创新成果向国际标准的转化。截至 2022 年底，我国提出并制定的 IEC 和 JTC1 国际标准达 467 个。

2008 年 11 月，IEC 第 72 届大会在巴西圣保罗举行，IEC 市场战略局正式成立。2011 年 5 月，国家标准委员会决定成立 IEC 市场战略局中国专家委员会，作为我国参与市场战略局工作的支撑。该委员会的成立是我国标准化工作的重大事件，为我国电力和电工行业实质性参与 IEC 标准化战略规划提供了重要途径，为切实提高我国在 IEC 高层管理机构的决策能力和参与水平奠定了基础。

2012 年 6 月，中国专家舒印彪被推选为市场战略局召集人。通过直接管理市场战略局工作，我国具备了更好地参与 IEC 战略和政策的制定的能力，也为在国际标准领域作出更大贡献奠定了基础。此后中国专家逐渐成为编制 IEC 战略性文件的骨干力量，与世界电力领域的顶级专家建立密切联系，充分展示研究和建设成果，在 IEC 的总体规划制定，新技术、新领域标准规划和战略制定方面充分发挥了中国的影响力。市场战略局的主要成果包括白皮书、技术和市场展望报告、社会技术趋势报告等。由国家电网公司等单位的专家团队编制的《大容量可再生能源接入电网》《物联网之无线传感器网络》《智慧城市》等系列白皮书，引领了全球相关技术领域的发展趋势。

随着 IEC 将中国提出的碳达峰碳中和、零碳电力系统等主题列入战略规划，未来将在能源低碳领域发起成立 1 到 2 个新技术委员会，培育 10 到 20 项国际标准。近年来，我国牵头编制多项 IEC 新兴技术战略白皮书正式发布，包括《以新能源为主体的零碳电力系统》《多能智慧耦合能源系统》《多源固废能源化：固废耦合发电系统》，这是我国参与国际电工委员会（IEC）工作、建设碳达峰碳中和国际标准体系的最新成果，为我国引领全球碳达峰碳中和领域的国际标准制定奠定重要基础。

5.2 中国参与国际标准化活动的工作体系

5.2.1 国务院标准化行政主管部门

中华人民共和国国家标准化管理委员会(SAC)是中国国务院授权的履行行政管理职能,统一管理全国标准化工作的主管机构,代表国家参加 ISO、IEC 和其他国际或区域性标准组织,履行下列职责:

(1)制定并组织落实我国参加国际标准化工作的政策、规划、计划。

(2)承担 ISO 中国国家成员体和 IEC 中国国家委员会日常工作,以及与 ISO 和 IEC 中央秘书处的联络工作。

(3)协调和指导国内各有关行业、地方参加国际标准化活动。

(4)指导和监督国内技术对口单位的工作,设立、调整和撤销国内技术对口单位,审核成立国内技术对口工作组,审核和注册我国专家参加国际标准制定、修订工作组。

(5)审查、提交国际标准新工作项目和新技术工作领域提案,确定和申报我国参加 ISO 和 IEC 技术机构的成员身份,指导和监督国际标准文件投票工作。

(6)审核、调整我国担任 ISO 和 IEC 的管理和技术机构的委员、负责人和秘书处承担单位,并管理其日常工作。

(7)申请和组织我国承办 ISO 和 IEC 的技术会议,管理我国代表团参加 ISO 和 IEC 的技术会议。

(8)组织开展国际标准化培训和宣传实施工作。

(9)其他与参加国际标准化活动管理有关的职责。

5.2.2 国内技术对口单位

国内技术对口单位具体承担 ISO、IEC 技术机构的国内技术对口工作,履行以下职责:

(1)严格遵照 ISO 和 IEC 的相关政策、规定开展工作,负责对口领域参加国际标准化活动的组织、规划、协调和管理,跟踪、分析对口领域国际标准化的发展趋势和工作动态。

(2)根据本对口领域国际标准化活动的需要,负责组建国内技术对口工作组,由该对口工作组承担本领域参加国际标准化活动的各项工作,国内技术对口工作组的成员应包括相关的生产企业、检验检测认证机构、高等院校、消费者团体和行业协会等各有关方面,所代表的专业领域应覆盖对口的 ISO 和 IEC 技术范围内涉及的所有领域。

(3)严格遵守国际标准化组织知识产权政策的有关规定,及时分发 ISO 和 IEC 的国际标准、国际标准草案和文件资料,并定期印发有关文件目录,建立和管理国际标准、国际标准草案文件、注册专家信息、国际标准会议文件等国际标准化活动相关工作档案。

(4)结合国内工作需要,对国际标准的有关技术内容进行必要的实验、验证,协调并提出国际标准会议文件等国际标准化活动相关工作档案。

(5)组织提出国际标准新技术工作领域和国际标准新工作项目提案建议。

(6)组织中国代表团参加对口的 ISO 和 IEC 技术机构的国际会议。

(7)提出我国承办 ISO 和 IEC 技术机构会议的申请建议,负责会议的筹备和组织工作。

(8)提出参加 ISO 和 IEC 技术机构的成员身份(积极成员或观察成员)的建议。

(9)提出参加 ISO 和 IEC 国际标准制定工作组注册专家的建议。

(10)及时向国务院标准化主管部门、行业主管部门和地方标准化行政主管部门报告工作,每年 1 月 15 日前报送上一年度工作报告和"参加 ISO 和 IEC 国际标准化活动国内技术对口工作情况报告表"。

(11)与相关的全国专业标准化技术委员会和其他国内技术对口单位保持联络。

(12)其他本技术对口领域参加国际标准化活动的相关工作。

5.2.3 参与 IEC 国际标准化的方法与途径

1. 标准立项过程注意要点

1)明确范围和目的

提出一项 IEC 国际标准提案,首先就要明确标准化的对象和范围,同时也要明确该国际标准提案所要解决的问题。

例如,要搞清楚这项国际标准提案是要解决一种具体产品的一个或几个具体问题,还是要解决一类产品品类的一系列共性问题。这对于标准的定位和日后的具体编写工作至关重要。

2）避免与现有国际标准交叉重复

在明确范围和目的之后，就需要对与该国际标准提案相关的现有国际标准进行尽可能广泛的检索排查。

如果查到准备提出的国际标准提案的全部或部分内容已包含在现有国际标准中，或在现有国际标准中有类似的内容，则需要对该国际标准提案进行相应的调整，以最大限度地确保不与现有国际标准产生交叉重复。

在提出国际标准提案的过程中，需要阐述该提案与相关国际标准之间的关系，供各国家委员会参考。

3）选择技术委员会（TC）或分技术委员会（SC）

根据国际标准提案的范围和目的，以及已有相关标准所属 TC/SC 的情况，选择向最合适的 TC/SC 提出国际标准提案。

要确保国际标准提案的内容完全属于拟选定 TC/SC 的范围。如果不是，则需要结合 TC/SC 的范围对提案内容进行相应的调整。例如，负责制定家用和类似用途电器国际标准的 TC 有 IEC/TC 59（家用和类似用途电器性能技术委员会）和 IEC/TC 61（家用和类似用途电器安全技术委员会），如果拟提出的国际标准提案中既包括性能方面又包括安全方面的内容，则需要保留其中一个方面的内容，在相应的 TC 中提出提案，或考虑拆分成性能和安全两个提案，分别在两个 TC 中提出。

有些提案的内容可能会涉及一个 TC 下的多个 SC，或涉及多个 TC。这种情况下，可以选择相关性较强的一个 TC/SC 提出提案，并同时阐述该提案与其他 TC/SC 之间的相关性，便于日后 TC/SC 之间就此提案项目开展必要的协调和合作。

4）选择提案类型

国际标准提案可以是一个独立的新标准，现行系列标准的一个新部分、技术规范或可公开提供的规范，以及对现有标准的修订。需要根据该国际标准提案的范围和目的、现有相关国际标准情况、所选 TC/SC 负责制定的标准体系特点等，综合考虑选择最适合的提案类型。

5）编写国际标准提案

在明确提案类型之后，就需要根据所选类型的要求进行编写。如果是现行系列标准的一部分，则还要考虑该系列标准的统一架构等。各类型的国际标准提案都有相应的模板，提案方需要按照模板对相应的表格进行填写，并根据 ISO/IEC 导则的相关要求进行国际标准的编写。

6) 准备提案的技术内容

一般来说，国际标准提案是以现行或正在制定中的我国国家标准、行业标准、地方标准、团体标准或企业标准为基础进行编写的，特别是国家标准和行业标准，已经在其制定过程中经过了国内行业的充分研究和论证，具有科学性和先进性，这为国际标准提案提供了重要的技术基础。而以其他级别标准为基础，或完全新制定的国际标准提案，最好能在国内相关行业范围内征集意见，更广泛地听取行业意见，有利于提升提案质量。

7) 寻求其他国家的支持

在初步完成国际标准提案的草案后，可以将草案发给其他国家的专家，征求他们的意见并寻求他们的支持。这项工作具有双重意义。

首先，可以根据外国专家的反馈意见来完善国际标准提案草案。我国提出的国际标准提案，一般来说可以很好地解决我国行业的痛点，代表我国行业的利益诉求。在前期广泛地征集各国专家意见，可以了解和评估该提案是否也能满足其他国家的利益需求。结合各国的反馈意见对提案草案进行必要的调整和完善，可以使其更具有全球适用性和代表性。

同时，可以寻求各国对于该国际标准提案的支持。提案是否能够获得立项，取决于提案所对应 TC/SC 的投赞成票以及指派专家参与该项目的 P 成员国的数量。从这个角度讲，在此阶段联络的国家最好是提案相应 TC/SC 的 P 成员国。我们可以在充分考虑这些国家技术意见和利益诉求的基础上，最大限度地争取他们支持我国提案并指派专家参与该项目。

这项工作虽然也可以在提案正式提出后再进行，但效果不如在提案提出前进行好。

8) 正式提出国际标准提案

一般来说，国际标准提案需要经由我国的 IEC 国家委员会提出。

在提出国际标准提案时，尽量提供一份较为详细的标准草案，供 TC/SC 各成员国阅读和研究。在一些情况下，可以不提供标准草案，而改为提供标准草案的大纲。比如，在标准草案的某些细节现阶段不宜公开，或是前期准备过程中很多细节内容无法敲定，又或是出于战略目的需要赶在某一时间点前提出提案时，仅提供标准草案的大纲可能更符合提案方的利益和需求。

同时，还要提出一名项目负责人。一旦提案立项成功，可以成立项目组（PT），一般情况下都是由所提出的项目负责人担任 PT 的项目负责人，但是也有极少数情况下存在例外。因此，提名的项目负责人除了要对所负责项目的技术内容有较为深入的理解，同时也最好熟悉国际标准的制定流程和规则，具有一定的国际标准制定经验和国际影响力，对标准制定的过程有较好的掌控能力，并且有较高的英语水平。

9）争取更多的参与国

一般来说，在国际标准提案获准立项的两个条件中，相比于获得 2/3 及以上投票 P 成员的支持，更难的是有足够多的 P 成员国指派专家参与项目。除特殊情况外，如果该 TC/SC 有 16 个及以下 P 成员国，则需要有 4 个不同国家指派专家参与；如果该 TC/SC 有 17 个及以上 P 成员国，则需要有 5 个不同国家指派专家参与。也就是说，除了提案国本身一定会指派专家以外，还需要另外争取 3~4 个 P 成员国的专家参与。

因此，在提案正式提出之后，提案方也依然需要有针对性地向各 P 成员国寻求支持和请求指派专家(可参见第 7 条)，以及在投票期间获得满足立项的条件。

需要注意的是，当一项提案在投票期间已经获得了 2/3 及以上投票 P 成员的支持，而没有足够的国家指派专家参与时，提案方还可以在投票截止日期后的 4 周内，邀请投出赞成票的 P 成员国指派专家参与。如果在 4 周之内能够凑齐足够的专家数，依然有希望立项成功。

2. 标准立项常用方式及案例分析

1）提出一个独立的新标准(IS)、技术规范(TS)或可公开提供的规范(PAS)

一般情况下，当需要提出一个独立的新标准(IS)、技术规范(TS)或可公开提供的规范(PAS)时，提案方会提交新工作项目提案(NP)。然后该项目根据 ISO/IEC 导则 2.3 的规定，经历提案阶段，并最终根据导则中 2.3.5 小节的 a)、b)两个判定条件来决定是否获得立项。

> **案例 1：正常流程**
>
> 中国拟提出关于产品 A 性能测试方法的新工作项目提案(NP)。通过前期的调研和预判，认为会得到所在 TC 的 25 个 P 成员国中 2/3 以上的支持，并能有 5 个及以上国家指派专家。因此，直接通过中国国家委员会向 IEC 的该 TC 提交了提案的 NP 文件。
>
> 经投票，25 个 P 成员国有 22 个参与投票，其中 20 票赞成，2 票反对，赞成比例为 91%，大于 2/3；同时，在 20 个投赞成票的 P 成员国中，有 7 个 P 成员国指派专家参与本项目。两个判定条件都满足，项目成功立项。

案例2：通过提案提出前争取其他国家支持，最终获得立项

中国拟提出关于产品B能耗测试方法的新工作项目提案（NP）。通过前期的调研和预判，认为国际上对该产品能耗的研究还很少，各国的参与积极性不太高。因此，在提案提出前，选择了所在SC比较熟悉的10个P成员国的专家，将提案草案发给他们征求意见，并希望得到他们的支持以及指派专家。其中有4个国家明确回复支持并会派专家参与，4个国家表示会支持，2个国家未明确表态。

提案正式提出后，经投票，所在SC的18个P成员国都参与了投票，其中13票赞成（包括了中国以及之前联络的全部10个国家），5票反对，赞成比例为72%，大于2/3；同时，在13个投赞成票的P成员国中，有5个P成员国指派专家参与本项目（恰好是中国以及之前表示会指派专家的4个国家）。两个判定条件都满足，项目成功立项。

案例3：投票截止时间后的4周，争取到了足够多的国家指派专家，最终获得立项

中国拟提出关于产品C性能测试方法的新工作项目提案（NP）。通过前期的预判，认为会得到足够的P成员国支持和参与（从后来投票结果看，存在一定程度的误判），因此直接通过中国国家委员会向IEC的对应TC提交了提案的NP文件。

经投票，该TC的22个P成员国有18个参与投票，其中12票赞成，6票反对，赞成比例为67%，正好等于2/3；但在12个投赞成票的P成员国中，只有中国和U国两个国家指派专家参与，还需要3个成员国指派专家才能满足该条件。

在投票截止日后的4周内，中国积极与另外10个投赞成票的国家联系，希望他们能够指派专家参与。在10个国家中，有3个国家没有回复，有3个国家明确表示本国没有该产业，无法派出专家，另外4个国家回复可以考虑指派专家。最终，在投票截止日后的第4周，这4个国家先后指派了专家参与该项目，再加上之前的中国和U国，共有6个国家指派专家参与，满足条件，项目成功立项。

案例4：立项失败

中国拟提出关于产品D性能评估方法的新工作项目提案（NP），考虑到已有超过5个国家表示愿意参与，因此直接通过中国国家委员会向IEC的对应TC提交了提案的NP文件。

经投票，该TC的24个P成员国有21个参与投票，其中12票赞成，9票反对，赞成比例为57%，小于2/3。虽然12个投赞成票的P成员国中，有10个国家指派专家参与，但由于不满足第一个条件，该项目无法立项。

2）提出现有系列标准的一个新部分

提出现有系列标准的一个新部分，其实与提出一个独立的新标准（IS）、技术规范（TS）或可公开提供的规范（PAS）从程序上讲并没有区别。因此，在本节第1）条中叙述的内容和案例，即提供新工作项目提案（NP）的方式，也同样适用于提出现有系列标准的一个新部分的情况。

这里给出另外一种启动提案的方式，即从提交供评论的草案（DC）开始进行新标准的制定。这种方式虽然不是一种常规的方式，但在制定现有系列标准的一个新部分时，可能会用到。当然，对于制定一个独立的新标准也可以采用这种方式，不过较为罕见。

> **案例5：从提交供评论的草案（DC）开始制定现有系列标准的一个新部分**
>
> 中国拟在现有某系列标准中提出关于产品E的安全要求。通过前期的预研和评估，认为立项阻力较大，且需要解决的技术问题较多，即使NP获得立项，要在规定的制定周期内完成第一版标准难度也非常大。因此，经与所在TC的主席和秘书处商议，先以供评论的草案（DC）的形式，将标准草案提交TC。
>
> TC正式向成员国发出DC文件后，收到了很多国家的回复意见，该DC也在TC的全体大会上进行了充分的讨论。在会上，中国代表充分阐述了标准立项的必要性，以及其中技术内容的合理性和前期验证情况，使得与会各国专家对于该提案有了更加深入的了解。许多国家也在会上表示愿意参与该项目工作。
>
> 之后，中国根据各国回复意见及会议上的讨论情况，采纳了其中合理的意见和建议，修改完善了标准草案，并通过中国国家委员会向该TC提交了提案的NP文件。
>
> 由于有DC文件的讨论基础，提案获得了绝大多数P成员国的支持，并且获得了足够P成员国的专家参与，项目成功立项。并且由于在提出NP之前，很多技术问题都已经在DC文件的讨论中解决，大大加快了标准制定进程，该项目最终提前完成了制定。

3）修订现有标准的某些内容

当需要对现有标准的某些内容（一般是某一主题的相关内容）进行修订时，可以向TC/SC提交供评论的草案（DC）。DC中所涉及的内容，经TC/SC讨论并确认后，可以作为该标准下一版拟修订的内容，放入委员会草案（CD）或询问草案（CDV）中。在同一个标准的某一个版本的修订过程中，可能有多个DC被提出。其中被接受的若干个DC，将一同被放入委员会草案（CD）或询问草案（CDV）中。

案例6：提交供评论的草案（DC）对现有标准的某些内容进行修订

中国拟在涉及 F 产品的某现有标准中提出关于耐燃方面部分内容的修订，于是向相应 SC 提交了包括这部分内容的供评论的草案（DC）。该 DC 在收集了各国意见的基础上，经 SC 会议讨论决定，可以作为下一版修订的部分内容，放入询问草案（CDV）中。与该提案内容一起放入 CDV 的还有其他国家以 DC 形式提出并获准的内容，如 D 国提出的关于远程控制的内容、J 国提出的关于温升的内容，等等。

合成后的询问草案（CDV）经投票，全部 P 成员国赞成且无修改意见，跳过批准阶段，直接形成了下一版的国际标准。

4）以成立工作组的形式启动新标准的制定

对于某些新的产品领域或新的技术问题，在不确定是否需要制定新标准或对现有标准进行修订时，可以通过成立工作组的形式来开展前期的研究。如果需要制定新标准或修订现有标准，则可以由工作组编写 NP 草案，经由 TC/SC 的秘书处正式提出。

案例7：以成立工作组的形式启动新标准的制定

中国在涉及 G 产品功能安全方面进行了一些前期研究，并认为有必要制定新标准。考虑到所涉及 TC 之前没有制定过类似标准，因此仅向 TC 提交了一份 INF 文件，阐述制定 G 产品功能安全标准的必要性、可行性和前期工作基础。在之后的 TC 全体大会上，中国代表也在会上介绍了该领域的相关情况。该话题引起了很多国家的兴趣，表示愿意共同参与研究和探索。会议决定成立特别工作组（ahG）对该领域进行研究，由中国专家担任召集人。

经 ahG 一年的研究，认为有必要制定该领域的国际标准，并提供了标准的制定思路和框架等，同时建议将 ahG 转成 WG，负责该项国际标准的制定。经 TC 研究决定，同意将 ahG 转成 WG，仍由中国专家担任召集人。

WG 又经过一年的研究，完成了该国际标准的草案，提交给 TC 秘书处。由 TC 秘书处正式提出该新工作项目提案（NP），并获得了足够的赞成票和参与专家，最终成功立项。

5.3 IEC 国际标准促进中心（南京）

IEC 国际标准促进中心（南京）（以下简称"IEC 中心"）成立于 2021 年 12 月，是国际电工委员会（IEC）正式授权在中国成立的首个分支机构，接受国家市场监督管理总局（国家标准化管理委员会）和 IEC 秘书处指导，提供国际标准化战略咨询、项目孵化、标准研制、合作交流、人才培养等全方位、全流程的国际标准专业服务，致力于成为国际组织、政府机构、企业团体、科研院所共同参与的国际标准化高端专业对话与标准认证一体化服务平台。

IEC 中心致力于深入贯彻落实《国家标准化发展纲要》文件精神，推动我国参与国际规则制定，提升我国在国际标准化活动中的地位和影响力，提高我国参与国际标准制定和合格评定活动的能力和水平，同时大力推进南京及长三角地区制造业标准化制定工作，推进相关行业产品参与国际标准制定，并推动我国企业专家在重点新兴领域进一步引领制定国际标准，更好地服务于"一带一路"建设。

IEC 中心的主要职责包括以下几个方面：

（1）支撑国际标准化管理委员会开展 IEC 国际标准化活动日常管理，成立 IEC 主席办公室，支撑我国专家担任 IEC 主席等高层管理职务。

（2）开展国内外标准化战略、重大技术规则与政策的跟踪研究，面向政府、机构及企业开展国际标准化战略咨询。

（3）跟踪前沿技术进展及国际标准化发展趋势，推动在 IEC 等国际标准组织发起成立新国际标准化技术委员会或工作组。

（4）为我国企业和专家开展国际标准化政策研究、项目孵化、标准研制与应用等活动提供全过程解决方案与支持服务。

（5）建设 IEC 国际标准会议基地，成立国际专家咨询顾问工作室，为国内外标准化专家搭建深层次交流平台。

（6）开展国际标准化宣传推广活动，向全社会科普国际标准化知识，在高等院校开设专业标准化课程，为 IEC 技术委员会主席、秘书等提供专项培训等。

本章知识要点

1. 掌握中国标准化发展的历史。
2. 了解中国承担 IEC 技术委员会的情况。
3. 了解中国参与国际标准化工作的工作体系。
4. 掌握标准立项的常用方式及流程。

思考题

1. 中国于哪一年加入了国际电工委员会?(　　)
   A. 1949　　　B. 1957　　　C. 1978　　　D. 2008
2. 中国目前承担多少个 IEC 技术委员会秘书处?(　　)
   A. 12　　　B. 13　　　C. 14　　　D. 15
3. 下面哪种情况能够获得立项成功?(　　)
   A. 3/4 的 P 成员国支持,并有 4 个国家指派专家
   B. 1/2 的 P 成员国以上支持,并有 9 个国家指派专家
   C. 2/3 的 P 成员国支持,并有 6 个国家指派专家
   D. 4/5 的 P 成员国支持,并有 4 个国家指派专家

[参考答案]

1. B　2. D　3. C

第 6 章　国际标准与技术创新

国际标准是全球贸易和经济发展的重要工具，为传播和使用新技术提供了一个统一、稳定和全球公认的框架。国际标准提高了市场的相关性和接受度，是全球贸易和发展的基石。国际标准受到诸多因素的影响，但是究其根本，创新是技术标准的基础，离开了创新的国际标准将会是无源之水，无本之木，就会失去存在的基础。技术标准与技术创新两者密切联系、协同发展，技术创新推动技术标准的发展，技术标准也直接或间接地推动了技术创新。

6.1 创新

6.1.1 创新的定义

"创新"一词由来已久，早在一千多年前的《南史》中就出现了"创新"一词："据《春秋》，仲子非鲁惠公元嫡，尚得考别宫。今贵妃盖天秩之崇班，理应创新。"16 世纪的意大利政治家尼可罗·马基亚维利在《君主论》中阐述了政治背景下的创新，该书中的创新是指在政府中引入变革(新的法律和制度)。1912 年，熊彼特发表了成名作《经济发展理论》。他首先提出了"创新理论"(Innovation Theroy)，轰动西方经济学界，并一直享有盛名，被誉为"创新理论"的鼻祖。熊彼特认为创新是把一种新的生产要素和生产条件的"新结合"引入生产体系。在第二次世界大战之后，随着计算机科学技术的不断发展，人们对创新理论的研究也不断深入，创新的内涵也在不断拓展，以适应不同学科的发展需求。

《辞海》中对创新的解释是"创建新的"。但是在不同领域和学科对创新有不同的定义。在经济学中，创新是指"建立一种新的生产函数"，即"生产要素的重新组合"。在此定义下创新包含以下五种情况：一是引入一种新的产品，二是采用一种新的生产方法，三是开辟一个新的市场，四是获取一种原材料/半成品的供应来源，五是构建一种新的组织方式。在社会学中，创新是指在经济、政治、文化等方面，集体、团体以及个人独立或联合推出的、对社会起到持久影响的行动或建设性作品，其被视为推动社会变革和社会进步的重要力量。在国际组织中，ISO 56000：2020将创新定义为"实现或重新分配价值的新的或改变的实体"，经济合作与发展组织（OECD）将创新定义为"在商业惯例、工作场所组织或对外关系中实施新的或显著改进的产品（商品或服务）或流程、新的营销方法或新的组织方法"。但无论是哪种定义方式，"创新"一词都表达出"改进或创造新事物"的基本内核。

需要说明的是，创新不仅仅是一项发明，还包括发明的商业化。此外，创新不仅限于出售给客户的最终产品，它实际上可以发生在不同层面，如材料、工艺、服务、部件、市场或组织架构。

6.1.2 创新的类型

随着科技水平的进步，人们对创新理论的研究也越发深入，由此诞生了许多对创新类型的研究。第一个得到广泛认可的理论是渐进式-激进式创新二分法。目前已经很难确定是谁首次提出了渐进式-激进式创新二分法，这是因为不同的学者在几乎相同的时间提出了这一概念（虽然他们使用不同的术语，但是均表达出相同的意思）。阿伯纳西在1978年就区分了渐进式创新和激进式创新，波特则提出了一个相似的概念，即连续和不连续的技术变革。可以用两个维度来区分渐进式创新和激进式创新：第一个是内部维度，以所涉及的知识和资源为基础，渐进式创新将建立在某一公司内部现有的知识和资源之上，这意味着它将是能力增强的。而激进式创新将需要全新的知识或资源，因此激进式将是能力破坏性的。第二个是外部维度，根据技术变化和对市场竞争力的影响来区分创新，渐进式创新将涉及适度的技术变革，市场上的现有产品将保持竞争力。而激进式创新将涉及大规模的技术进步，使现有产品失去竞争力并被淘汰。

尽管该模型解释了许多创新模式并提供了强有力的经验证据，但随着信息和通信技术的出现以及大多数行业变革的加速，该模型出现了一定的不适用性。为此邓菲在1996年引入了动态持续创新的概念。他认为创新也可以根据变化的程度分为以下三种类型：第一种类型是持续创新（即渐进式创新），这是破坏性最小的创新类型，因为它涉及改进产品/工艺的引入。这种增量变化通常是指对现有技术进行微小改进或简单调整的低风险概念，例如，产品线扩展、新尺寸、新口味等。第二种类型是动态持续创新，这种类型的创新比持续创新更加具有突破性，但仍然属于不改变行为模式的创新。创造一种结合最新技术但具有相同基本功能的产品就属于动态持续创新，如电动卷笔刀或电动牙刷。第三种类型是激进的创新，它需要建立新的行为模式，而这些行为模式是没有先例的，比如计算机、复印、激光和原子能。突破性技术往往会产生全新的产业，并在整个工业基础上扩散，而渐进式创新往往出现在特定的领域。

除了上述提到的两种创新模式，亨德森和克拉克提出了新的模型，期望能够弥补渐进式-激进式创新二分法的缺点。亨德森和克拉克注意到，仅渐进式-激进式创新二分法不足以解释哪家公司在什么情况下更适合创新。为此，他们沿着两个新的维度引入创新：结构式创新和模块式创新。结构式创新主要改变系统内部之间的联系，模块式创新只针对系统中某个部件进行变革，对系统整体的结构影响不大。不同于渐进式创新会对非关键组件进行更替，模块化创新会对核心组件进行创新，但是对系统整体的结构影响不大。四种创新技术可以用坐标轴表示，横轴表示产品部件的创新程度，纵轴表示产品架构的创新程度（见图6-1），通过四象限的区分，可以清楚地看出各种创新之间的区别。

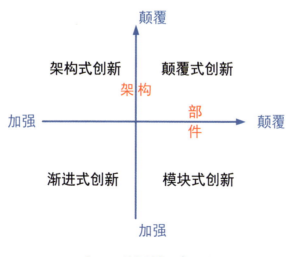

图6-1 创新模式四象限图

6.1.3 创新的特点

(1)不确定性：弗里曼认为创新过程具有随机、偶然和任意的特点。不确定性往往导致企业大量的资源投入付诸东流，徒劳无功。不确定性主要来自技术本身的不稳定以及未来市场发展方向的不明确。技术不确定性是指一项创新在技术上是否能达到预期的效果难以确定，市场不确定性是指一项创新活动即使在技术上成功，其成果是否在市场上受到欢迎仍然是不确定的。

(2)积累性：创新不是一蹴而就的，而是不断积累形成的。特别是在某一范式内，技术通常要遵循范式定义的路径发展，产生积累效应。技术的创新要建立在以往技术积累的基础上，同时也要求用于积累、学习的投资具有一定的持续性。由于技术常常具有明显的组织专用性，一个组织的技术存在于管理和协调任务的组织系统与习惯中，这些系统和习惯被称为组织惯例，而且由于以往所取得的技术成就的影响，一个组织的技术能力有可能产生"锁定"效应。

(3)协同性：创新的过程是一个动态的过程，在整个创新活动中都会产生创新的效益。创新的协同性表现为虽然创新的功能系统不同，但是技术之间往往存在着相关性。想要获得创新的成功，应该充分利用创新与其他技术、互补性资产，以及使用者之间的关系。大企业内部同时具有研发、生产、营销等多个职能部门，企业想要达到创新的成功应该注意各部门之间的沟通与协作，既要根据市场需求快速做出创新，也要紧密协调各部门之间的关系。另外，创新的过程中所应用的知识往往镶嵌在组织内部，具有高度的缄默性，很难表达和编码。此外，由于创新的灵感往往来源于管理和协调任务的组织系统和习惯中，并不存在于既定的构想，协同性对于保障知识在组织内部流动与共享具有至关重要的作用。

(4)不对称性：创新活动的价值主要体现在创新排他性的制度安排。然而，在一些国家的法律体系中创新成果的所有权界定非常模糊，导致技术创新的投入与收益严重不对等。阿罗将这种缺乏有效法律保护的现象称为"信息的根本悖论"。新技术的拥有者为了向买家提供更全面的信息，不得不详细地介绍交易的产品，但是在这个过程中，买家很可能通过卖家翔实的介绍了解到核心技术的信息，那么这个交易的基础就不复存在。因此，市场中创新成果的交易往往基于双方的信誉，在未知的条件下进行，否则可能会侵害技术持有方的权益。创新和排他性是紧密相连的，表现出了企业创新与市场环境的不对称性。

(5)复杂性与多样性:不同产业部门技术变革的来源和方向存在显著的差异,第一是规模差异。由于行业的不同,企业规模差距较大,如重工业、制造业企业往往规模较大,而轻工业、零售企业规模普遍较小。第二是产品类型的差异。如价格敏感型产品、效果敏感型产品等。第三是创新目标的差异。如制药行业追求产品的创新,钢铁等重工业领域则是追求生产工艺的创新;而汽车行业则在产品和工艺两个方面都要谋求创新。第四是创新来源的差异。农业和传统制造业如纺织工业,创新来源于设备供应商和其他生产要素供应商;机械、设备和软件领域,创新则主要来源于市场和消费者的需求;化学、电子、运输等行业的创新则是由于企业内部的技术活动;医药行业的创新更多地来源于基础研究的突破。第五是内部创新部门的差异。如化学、电子等产业的创新发生在研发实验室,制造业的创新往往发生在设计部门,服务产业的创新部门通常是软件研发部。

6.1.4 技术发展的生命周期

任何一项技术都遵循自然发展的规律,会经历从萌芽到衰退的过程。福斯特首先以时间与技术绩效为坐标轴,描绘出技术发展趋势。通过技术生命周期 S 形曲线,来反映技术性能的改善和商业收益的水平,曲线的增长取决于研发的投入。技术生命周期 S 形曲线如图 6-2 所示,图中展示了两种技术各自的生命周期以及两者之间的关系。

在技术生命周期的开始阶段,研发投入的回报体现在性能增强及商业收益增多。这种改进在初期较为缓慢,然后持续加速,直到达到一个峰值(临界点),之后增长率逐步下降,伴随着颠覆式创新技术的出现,新的技术生命周期曲线开始出现,周而复始,不断发展。技术创新发展的生命周期包括以下几个阶段:

一是萌芽期。在萌芽期技术创新处于相对缓慢的增长阶段。在此阶段各类技术保持新颖,市场还没有出现主导型技术。处于该阶段时,只有少数企业或个人对技术进行投入研发,对于技术的未来走向还不是很明确,技术与产品的整合程度较低,且研发出的产品仅有少量消费者支持,市场几乎没有受到新产品的影响。

二是发展期。主导型技术开始出现,同时技术的性能也以更快的速度提升。随着技术的发展进步,新技术从萌芽期过渡到增长期,开始从横向、纵向上向复杂技术扩展,力求完善新产品并将其应用于更多的相关领域,参与研发的企业与个人数量也逐渐增

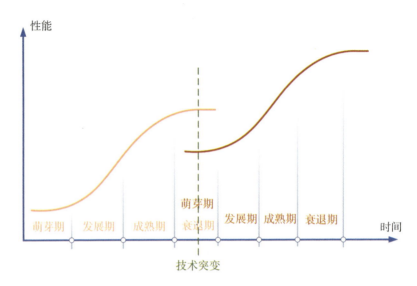

图 6-2　技术生命周期 S 形曲线（Nizar Abdelkaf，et al.，2021）

多，新产品的竞争力逐渐提升并占领了少部分市场。在这一阶段，产品与技术整合程度较高，技术发展速度达到巅峰，参与技术研发的企业与个人数量激增。

三是成熟期。随着新产品逐步占领更多的市场，新技术从平稳增长期进入成熟期。这一阶段，关键性技术已经成型，越来越多的消费者愿意去使用新产品，在这一阶段产品与技术整合程度较高，技术发展速度达到巅峰，参与技术研发的企业与个人数量激增，参与技术研发的企业和个人数量与申请的专利数量达到最大。

四是衰退期。在产品进入成熟期一段时间，终会因为外界的各种因素的影响走向衰退期，比如政治因素（国家方针政策、法律体系、激励机制等）、经济因素（参与人的经济活力等）、社会因素（市场竞争、需求等）等。这意味着技术竞争力下降，产品的市场占有率也开始滑坡，越来越多的人退出此项技术的研发，相应的专利申请数量下降，行业开始准备迎接另一个可取而代之的新技术，周而复始。

6.1.5　技术创新的动态模型（A-U 模型）

自 20 世纪技术生命周期理论提出以来，其在不同学科领域内得到了不同程度的扩展，A-U 模型是技术生命周期概念在创新研究领域的应用。

美国哈佛大学的阿伯纳西（N. Abernathy）和麻省理工学院的厄特拜克（Jame

Utterback)从20世纪70年代起对产品创新、工艺创新和组织结构之间的关系作了一系列的研究,以生命周期理论为基础,通过对许多行业和创新案例分析,发现它们三者之间既遵循着不同的发展规律,又存在着有机联系,它们在时间上的动态发展影响着产业的演化,进而提出了著名的描述产业技术创新分布形式的A-U创新过程模型。他们认为,企业的创新类型和创新程度取决于企业和产业的成长阶段。产品创新、工艺创新及产业组织的演化可以划分为三个阶段,即流动阶段、转换阶段和专业化阶段,并与产品生命周期联系起来,提出了以产品创新为中心的产业创新分布规律。

在此模型中,一个产业部门或一类产品的产品创新率在产品形成阶段最高。这个阶段称为流动阶段。在这个阶段,各竞争者对产品设计和使用特征进行大量的实验。新产品的技术在这一阶段常常是粗糙、昂贵和不可靠的,但是它能在某些方面满足市场需求。

然而随着竞争的展开,产品的主导设计逐渐趋向明朗,重大产品创新率下降,重大工艺创新率上升。产品多样性开始让位于主导设计。所谓主导设计是赢得市场信赖的一种设计,是竞争者和创新者为支配重要的市场追随者而必须遵循的一种设计。当产业进入这一阶段时,价格与产品性能成为竞争的焦点,而成本的竞争则导致了生产工艺创新步伐的加快。这一阶段被认为是转换阶段。

当某个行业以及它的市场成熟度和价格竞争越来越激烈时,为了生产出高度标准化的产品,生产流程也越来越自动化、集约化、系统化、专业化。在特性阶段,产品与工艺创新的根本创新逐渐下降。这一时期的产业极其重视成本、产量和生产能力,产品和工艺创新以小的渐进方式进行,产品进入专业化阶段。

图6-3展示了A-U模型下两种技术的创新率和实践的对应关系。这里的产品创新旨在使产品功能满足消费者的要求,过程创新旨在降低生产成本和提高产品质量。产品创新曲线和工艺创新曲线的交点就是主导设计。A-U模型的意义在于将产品和工艺变化结合起来,提出了技术生命周期模式,指出了技术变化过程中的阶段性变化特点,尤其是创新的特点和类型,以及实施这类创新所需要的关键资源和需要解决的潜在问题,对管理者制定创新战略具有很强的指导意义。

6.1.6 技术生命周期和技术创新动态模型的关系

技术生命周期和技术创新动态模型两者是统一的,图6-4展示了技术生命周期模型

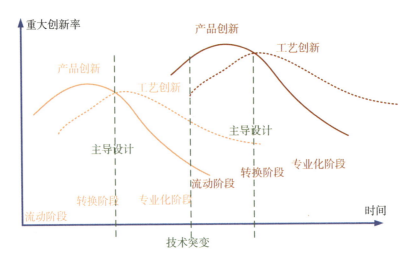

图 6-3 技术创新的动态模型（Hesser W., Feilzer A., Vries H. J. D., 2010）

和技术创新动态模型之间的关联性。

在技术的萌芽期，由于技术和市场存在很大的不确定性，企业产品技术本身处于不断变化之中，产品功能需要不断完善；同时消费者对产品也不太熟悉。因此企业推出多种不同的产品进入市场，企业技术创新的焦点在于产品创新。在这一阶段许多企业存在于市场之中，企业的市场地位也处于不断变化之中。

在技术的发展期，随着企业技术经验的积累和消费者成熟度的增长，企业知道如何进一步改进产品，进而推动主导设计的出现。主导设计确定后产品创新率迅速下降，创新的焦点从产品创新转入工艺创新。企业的市场地位出现分化，未能向市场提供符合主导设计的产品的企业将会退出市场。现有企业对产品的改进也主要是围绕主导设计进行的，这将导致根本性产品创新率降低。

在技术的成熟期，企业对产品生产工艺创新的重视程度在不断增强，以期望能够降低生产成本从而赢得更加有利的市场地位。市场产品相对稳定和工艺的根本性创新率迅速下降，这一时期产业非常重视成本、产量和生产能力，创新以渐进性产品创新和工艺创新为主。行业内形成了以几家大企业控制市场的局面，行业集中度在提高。

在技术的衰退期，该项技术不再具有生命活力，产品创新和工艺创新均出现下降，基于该项技术的产品性能增长几乎停滞，容易被新技术取代。

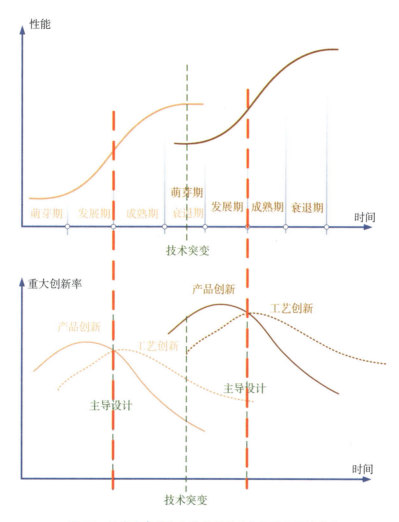

图 6-4 技术生命周期和技术创新动态模型之间的关系
(Nizar Abdelkaf, Rudi Bekkers, Raffaele Bolla, et al., 2021)

6.2 技术标准与创新关联性分析——以智能电网为例

ISO/IEC 指南(ISO/IEC Guide 2, Standardization and Related Actives-General vocabulary)对标准化和相关活动的通用术语进行了定义,介绍了常见的标准类型,如基础标准、术语标准、符号标准、分类标准、试验标准、规范标准、规程标准、指南标准、产品标准等。不同类型的标准在产品技术生成的各个环节发挥不同的作用。本节将以智能电网这项技术发展为例,介绍不同类型的标准如何助力智能电网的发展。

智能电网涉及从发电到消费的整个能源转换链。是以特高压电网为骨干网架、各级电网协调发展的坚强网架为基础,以信息通信平台为支撑,具有信息化、自动化、互动化特征,包含电力系统的发电、输电、变电、配电、用电和调度各个环节,覆盖所有电压等级,实现"电力流、信息流、业务流"的高度一体化融合的现代电网。智能电网的一个主要特点是提高了复杂电力系统的可观测性和可控性。这只能通过提高电力系统的各个部件和子系统之间的信息共享水平来实现。标准化在提供信息共享的能力方面起着关键作用。

6.2.1 智能电网整体标准框架设计

要实现这样庞大的技术体系,首先就是要对整体标准框架进行设计。不同国家和组织分别制定了相应的标准框架体系。

IEC 在 2009 年 4 月成立了智能电网战略工作组(Strategy Group3,SG3)。SG3 下设 3 个工作组:路线图工作组、体系工作组和用例工作组。路线图工作组已于 2010 年 5 月完成并发布了 IEC 智能电网标准路线图(IEC smart grid standardization roadmap)1.0 版。SG3 提出的智能电网标准体系架构,分为应用类和通用类,覆盖 13 个应用类领域,以及通信、安全与规划这 3 个通用类领域,共计 36 个标准系列 295 项标准。2015 年 3 月,SG3 推出了 2.0 版,在吸收了欧洲研究成果的基础上,对概念模型领域的划分增加了 DER 域。同时还引入了参考架构模型、用例架构、映射图等标准工具。标准体系架构分为 3 个大类,分别是电气技术类(含规划等 5 个域)、系统运行类(含发输配用等 19 个域)和通用类(含通信等 9 个域)。架构需求规范 IEC 62939-2SGUI 也对智能电网用户端架构进行了规范。

欧洲三大标准组织 ETSI、CEN 和 CENELEC 首先建立了一个联合工作组,首次在欧洲范围内将相关领域的专家召集在一起协调。该联合工作组在 2011 年 5 月发布了一份报告,该报告在充分考虑当时全球范围内相关工作与进展的基础上,对欧洲在智能电网领域的标准化前景进行了概述。基于联合工作组的工作成果,欧盟委员会向欧洲标准化组织(European Standardization Organizations,ESOs)发布了 M/490 标准化授权和政令,在欧盟委员会标准化授权 M/490 背景下开发了名为智能电网架构模型的完整视图,以支持欧洲智能电网的部署和发展。欧洲标准化组织响应 M/490 的核心举措是成立了 CEN、CENELEC 和 ETSI 智能电网协调小组(Smart Grids Coordination Group,SG-CG)。SG-CG

的重要成果就是智能电网架构模型(Smart Grid Architecture Model,SGAM)(Bruinenberg J.,Colton L.,Darmois E.,et al.,2012)。

SGAM 将应用系统之间的互操作性自下向上分为5个层级:组件层、通信层、信息层、功能层和业务层(见图6-5)。其中:组件层为所有承载功能、信息和通信的物理设备,包括电力系统、保护和控制设备和信息与通信技术设备;通信层描述组件之间信息交换的协议和机制;信息层描述实现功能所需的信息对象或标准的数据模型;功能层从架构的角度描述与物理实现无关的服务或应用;业务层提供与智能电网有关的信息交换业务视图。制定国际标准的目标是规定明确且无歧义的条款,以便促进国际贸易与交流。

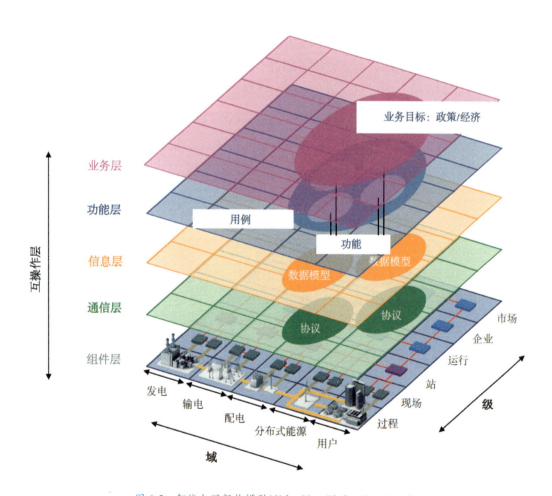

图6-5 智能电网架构模型(Uslar M.,Bleiker R.,2013)

下文将基于 IEC SG 3 发布的 IEC *Smart Grid Standardization Roadmap*，从自动化设计、公共信息模型设计和安全性设计三个方面介绍标准化在智能电网技术发展过程中的重要作用。

6.2.2 智能电网自动化设计

智能电网需要实现电网各个组成单元之间以及子系统之间的高度信息共享。信息和通信技术（Information and Communications Technology，ICT）的快速发展，使得兼容性标准和接口标准的重要性日益显现，如果各自定义的接口不尽一致，容易导致系统间不能兼容。2004 年发布的变电站通信网络和系统——IEC 61850 系列标准由于在互操作性、开放性、可扩展性方面的杰出表现，很大程度上推动了数字化变电站的建设，也必将成为智能电网信息通信体系的重要组成部分。IEC 61850 系列标准涵盖了术语定义类标准、测量和测试类标准、接口兼容性标准等诸多方面（见图 6-6）。术语定义类标准中，IEC 61850-1 规定了变电站通信系统的基本概念，IEC 61850-2 规定了变电站通信系统的一般要求，这两个标准无论是在基础研究，还是在将知识转移到定向基础研究和所有后续研究活动中都是必需的。测量和测试类标准中，变电站自动化系统工程和一致性测试定义了基于 XML（Extensible Make up Language）的结构化语言（IEC 61850-6），描述变电站和自动化系统的拓扑以及 IED 结构化数据。为了验证互操作性，IEC 61850-10 描述了 IEC 61850 标准一致性测试。在接口兼容性标准中，通信协议定义了数据访问机制（通信服务）和向通信协议栈的映射，如变电站层和间隔层之间的网络采用抽象通信服务接口映射到 MMS（IEC 61850-8-1）。间隔层和过程层之间的网络映射成串行单向多点或点对点传输网络（IEC 61850-9-1）或映射成基于 IEEE 802.3 标准的过程总线（IEC 61850-9-2）。

2004 年版的 IEC 61850 系列标准的内容相当丰富，分成 14 个部分，达 1000 页之多，其中难免会出现前后不一致和模糊的地方，导致不同使用者有不同的理解，从而引起不同制造厂不同设备间的互操作问题，阻碍标准的推广和应用。同时，随着技术水平的进步，标准的部分内容已无法适应新技术的要求，为此 TC 57 委员会开始修订 IEC 61850 第 2 版（简称 IEC61850 Ed2），其应用领域扩展到变电站之外，包括变电站之间、变电站与控制中心之间、清洁能源等领域的信息建模和通信映射，涵盖了电力公用事业自动化的各个方面。

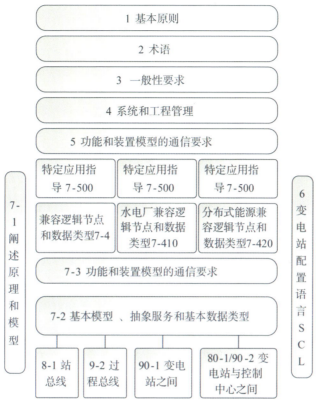

图 6-6　IEC 61850 系列标准整体结构（李永亮，李刚，2010）

6.2.3　智能电网公共信息模型设计

信息通信技术是智能电网建设的基础，而传统电力系统信息化建设过程曾暴露诸多问题，如缺乏统一标准体系，存在重复建设，信息孤岛众多，信息集成度低，无法相互协作发挥整体效应等问题。

IEC 61970 负责制定面向控制中心的能量管理系统应用程序接口的系列标准，这些标准包含公共信息模型（Common Information Model，CIM）和组件接口规范（Component Interface Specification，CIS）两部分内容。其中公共信息模型最初由美国电力科学研究院（EPRI）于 20 世纪 90 年代中期开发而成。CIM 设计用于解决厂商捆绑的问题，为能量管理系统（EMS）和数据采集与监视控制（SCADA）系统提供了一个内部数据库模型。多年来，CIM 已超出了其最初设计目的范围，包含相当大的领域本体，涵盖了电力领域大部分的主题。此外，其可作为一种集成模型，提供接口和数据序列化规范。

CIS 制定了应用或组件间进行信息交换的标准化接口以及这些接口所使用的事件类型和消息内容,并建立了接口与特定技术间的映射。其目的在于为独立开发的应用或系统集成提供标准的接口,同时保证互操作性,减少企业应用集成所需的工作量。

6.2.4 智能电网安全性设计

智能电网的愿景是利用电网的信息通信技术,提高效率、可靠性及可再生能源的整合能力。开放管制使得市场参与者不断增多,例如参与电力市场的电力消费者、计量设备、储能或分布式电源生产商,从而造成这些参与者之间的数据通信量也随之增加。如果此前未进行安全处理,则会增加电网受到攻击的可能性。IT 标准已得到集中应用,但仍有许多领域的需求未得到满足,这妨碍了衡量安全标准的系统的应用。例如,病毒检测软件会阻碍数据库的实时访问。

以互联网为代表的公共网络通信量的增加,也成为智能电网的一个威胁。为提高智能电网的效率,有必要使用特定的信息,例如当前的生产情况。出于这个原因,有必要通过电力供应等关键基础架构来提高整体的安全水平。为此,IEC 制定了 62351 系列标准,规定了电力系统运行的数据和通信安全要求,并涉及电力系统管理方面的信息安全,该系列标准由 11 个部分组成,基本结构如图 6-7 所示。该系列标准包括术语定义类标准、最低限度质量和安全标准和接口兼容性标准等诸多方面。

图 6-7 IEC 62351 系列标准的基本结构(王自成,李广华,方芳,等,2019)

由此可见，智能电网作为一项新生技术，其全部要求已无法被现有的技术标准满足。构建系统完善的智能电网技术标准体系在智能电网规划、设计、建设、运行等各个环节发挥着十分重要的作用。

6.3 标准助力技术创新发展

6.3.1 标准为创新发展提供框架

1. 标准抑制技术发展的无序性

标准支持新产品和服务的开发，是市场得以成长的基础。创新有助于技术的发展，标准化通过阻止后续的无序增长来控制混乱的扩散，有助于"标准之树"的健康成长。如果没有标准化的产品/服务创新，大量略有差异的创新从基点出发指向不同的方向。这样每个阶段都表现出大量的创新，造成繁杂的重复工作，最后导致创新野蛮生长的混乱结果。标准化则通过抑制随后的野蛮生长来阻止其无序扩张。

2. 标准可提供技术转化的平台

研究产生的技术知识流向标准，而标准也可以作为进一步研发项目的技术知识来源。因此，存在着从标准化到研究的递归性知识流。这就避免了重蹈覆辙，激发了新研究项目的产生。标准化不仅使技术转化过程成为可能，而且也使合作成为可能。标准化可以为来自不同领域的参与者提供一个合作平台，促进科研、工业、政府、非营利性组织和消费者的协作。例如，标准化过程不仅产出标准，而且还支持标准化委员会成员之间的知识交流。研究活动产生技术知识，这些技术知识可以编入出版物和专利中。这些出版物和专利与专家的知识相结合，可以为标准化过程提供信息。标准化过程和协调工作产生标准，然后这些标准在实践中被应用。标准的实施又会被反馈到标准化（比如更新标准）和研究之中（比如标准在实践后出现的新研究领域或见解）。

6.3.2 标准带来规模化经济效益

1. 标准兼容性有助于产品推广

标准框架的使用使创新型公司加速将产品推向市场。让市场接受一项新兴技术可能是一个困难的过程。标准的使用通过允许投资者了解其潜在投资涉及的内容，使公司和开发商能够以可销售的术语描述其产品和服务，从而在缓解这一问题方面产生了重大影响。此外，国家标准化组织及其标准制定过程的独立性对于获得公众对新技术的接受和认可至关重要。产品兼容性是产品设计和创新型产品在市场上推广的一个重要方面。在兼容性很重要的行业中，消费者拥有产品的价值是兼容产品可用性的增加函数。兼容性可以通过标准化的接口来实现，该接口定义了交换规则；从而允许甚至高度不同的技术兼容，只要它们符合接口（Hesser W.，Feilzer A.，Vries H J D.，et al.，2010）。

2. 标准普适性有助于降低成本

在日益激烈的市场竞争中，企业为提高经济效益，其中一项重要措施就是降低生产成本，企业标准化可使企业产品价格根据企业各方面能力及其他因素定位到一个适当价位，从而保证产品既有市场又有效益。标准化工作可将企业所需的原材料、产品配件、维修配件形成标准系列。标准化程度提高，企业易于选购，从而降低生产成本。例如某钻井队在钻井生产过程中涉及的各种配件和设备等，如钻杆、钻、套管、法兰、密封垫、阀门，等等。如尺寸都在标准系列之内，则易于选购，且价格较低。而非标准尺寸的套管和钻杆则需厂家单独制作或委托有加工能力的单位特别定制，其所发生的费用远远高于市购标准件的价格。而且非标准件的生产周期长，不同程度地影响了整体工程施工，必然使生产成本进一步提高。

6.3.3 标准是最低限度技术要求

1. 超出标准要求推动技术创新

同"法律是最低限度的道德"一样，标准也是最低限度的技术要求。它规定了一种产品、一项技术所需满足的最低要求。因此，标准中所规定的内容是经过多方讨论后达成统一共识的，市场上存在多个厂家可以达成相关指标要求。换个角度想，如果公司将标准设定为要达到的最低要求，然后试图做得比标准实际建议得更好，那么标准化和标准就能推动创新。好的标准规定了要求，并留有一定程度的自由。基于对标准内基本要求的理解，公司甚至能够开发新的解决方案。标准可以成为任何创新的基准。标准是前一次创新的结果，也是下一次创新的基础。产品的早期标准化可能会鼓励互补技术和组织的创新，并可能会促进随后旨在完善原始技术的渐进式创新。从定义上看，创新是动态的，标准控制着创新的动力，动态标准化是创新的重要推动力。

2. 标准为差异化竞争提供思路

企业同步推进研发过程与标准开发过程时，可以通过开发客户定制的(符合标准的)组合来区分产品和服务，从而推出差异化产品。标准框架的协作性质为竞争提供了公平的环境，这反过来又使创新者能够集中精力寻找使其产品和服务与众不同的方法。标准也促进了创新思想的商业利用，标准为信息传播提供了基础，并为制定专利提供了公认的框架。这消除了不适当的专有利益和贸易壁垒，同时确保了新兴技术可以建立的互操作性平台。标准框架的使用能够加快创新型公司将产品推向市场的速度。标准为创新者提供了一个公平的竞争环境，促进新的和现有的产品、服务和流程之间的互操作性和竞争。标准能够使客户信任新产品的安全性和性能，并通过参考标准化的方法实现产品的差异化。

本章知识要点

(1) 创新的定义、特点、类型。
(2) 不同类型技术创新之间的区别和关联。
(3) 技术发展生命周期的分类和特点，包括萌芽期、发展期、成熟期、衰退期。
(4) 技术创新、标准化、产业产品之间的协同关系。
(5) 不同类型人员应如何处理好技术创新、标准化和知识产权之间的关系。

思考题

(1) 以下哪一位被誉为"创新理论"的鼻祖?( )

　　A. 尼可罗·马基亚维利　B. 熊彼特　　C. 孔子　　D. 阿伯纳西

(2) 以下哪一项不属于创新的特点?( )

　　A. 确定性　　B. 积累性　　C. 协同性　　D. 不对称性

(3) Foster 提出了技术生命周期 S 形曲线,他提出的技术创新发展的生命周期包括几个阶段?( )

　　A. 2　　B. 3　　C. 4　　D. 5

(4) 以下哪一项不在智能电网架构模型(Smart Grid Architecture Model,SGAM)中?( )

　　A. 组件层　　B. 通信层　　C. 信息层　　D. 数据层

(5) 以下哪一项表述不正确?( )

　　A. 标准抑制技术发展的无序性　　B. 标准可提供技术转化的平台

　　C. 标准兼容性有助于产品推广　　D. 标准普适性不利于降低成本

[参考答案]

1. B　2. A　3. C　4. D　5. D

本章参考文献

[1] Song Ming Shun. Standardization: Fundamentals, Impact, and Business Strategy[M]. APEC Secretariat, 2010.

[2] Signe Annette Bøgh. A World Built on Standards—A Textbook for Higher Education[M]. Danish Standards Foundation, 2015.

[3] Nizar Abdelkaf, Rudi Bekkers, Raffaele Bolla. Understanding ICT Standardization: Principles and Practice[M]. ETSI, 2021.

[4] Hesser W, Feilzer A, Vries H J D. Standardisation in Companies and Markets[M]. 2010.

[5]Bruinenberg J., Colton L., Darmois E., Do J. Smart Grid Coordination Group Technical Report Reference Architecture for the Smart Grid Version 1.0 (DRAFT)[M]. CENELEC, ETSI, 2012.

[6]Uslar M, Bleiker R. Standardization in Smart Grids: Introduction to IT-related Methodologies, Architectures and Standards[M]. Springer Berlin Heidelberg, 2013.

[7]李永亮,李刚.IEC61850第2版简介及其在智能电网中的应用展望[J].电网技术,2010,34(04):11-16.

[8]王自成,李广华,方芳,等.IEC 62351国际互操作的总结与思考[J].电力系统自动化,2019,43(05):1-6.

[9]Standardization and innovation ISO-CERN conference proceedings[R]. 2014, 11:13-14.

第 7 章 电工国际标准化展望

在全球治理体系变革、国际贸易规则重构、绿色低碳和数字化转型发展日益成为国际社会共识的背景下，伴随着智能制造、人工智能和区块链等新兴产业和新技术的快速发展，电工国际标准化也呈现出新的发展趋势。

7.1 电工国际标准化发展趋势

1. 电工国际标准化是国际治理的重要支撑

随着第四次科技革命和互联网经济的兴起，一个强调互联互通、利益共融的全球体系正在形成。当前，气候变化、社会治理、消除贸易壁垒等全球性议题正引起全社会的广泛关注，国际治理的新趋势突出表现在"合作"与"竞争"两个方面。在这一浪潮中，电工国际标准化起着越来越重要的作用：一方面，国际治理不仅表现为政治层面的协商、谈判，也广泛存在于经贸、技术等领域的务实合作，这些形式多样、日趋深入的合作往往会以电工国际标准的形式加以固化；另一方面，伴随着全球经济下行压力增大、国际贸易基本面发生变化，全球体系的格局面临深刻调整，由于标准与知识产权、产业发展和贸易制度的联系日趋紧密，电工国际标准竞争成为全球竞争的制高点之一。

2. 电工国际标准化上升为重要的国家战略

标准是世界上的"通用语言"，标准已不再仅仅是产品、过程、组织共同和重复使用的规则，还成为国家提升竞争力和综合实力的方式，上升到了国家战略的层面。在世界多极化、经济全球化、经济低速增长态势持续的背景下，世界各国尤其是以欧洲国家、美国及日本为代表的发达国家高度重视电工国际标准化工作，纷纷制定和实施以控制和争夺国际标准制高点为核心的国家标准化战略。欧盟制定了"控制型"国际标准竞争战略，核心是建立一个欧洲各国通用的标准化体系，以此在国际上加强对标准工作的影响，并努力将欧洲标准转化为国际标准，通过欧洲标准联盟来影响并控制国际标准的制定。美国制定了"控制+争夺型"国际标准竞争战略，旨在充分展现美国科学技术水平，通过深入参加国际标准化活动、全方位实施标准化举措，从而争夺制定国际标准的主导权。日本采用"赶超型"国际标准化战略，制定了一系列国际标准化措施，旨在赶超欧美各国国际标准化水平。

我国明确了国际标准在促进国际治理、全球互联、创新型国家建设以及工业强国建设中的重要地位。一是加强顶层设计，将国际标准化工作纳入国家战略，在《中国标准2035》战略中凸显国际标准化重中之重的地位，在重要产业战略、重大战略的制定和部署计划中明确提出国际标准化的要求，并通过重要政策给予支撑，提升协同度。二是发挥标准化在规制合作、可持续发展等重大国际战略中的作用，提高我国参与国际治理的能力。三是研究和完善中国标准治理在全球贸易规则重构中的作用，构建新型贸易关系格局。四是积极参加国家间高层对话，不断完善双边、多边标准化合作机制。五是将标准化工作纳入质量基础设施国际交流合作网络，加强与相关国家和地区标准体系的对接兼容。

3. 电工国际标准化是国际贸易规则重构的重要工具

近年来，面对发展中经济体力量的整体崛起以及国内外政治经济形势的新变化，发达国家贸易政策相应作出重大调整，其主要目的就是要削弱新兴经济体已经形成的比较优势，加强发达国家的比较优势。与此同时，国际贸易从双边贸易向多边贸易发展，服务贸易、数字贸易的兴起，使调整和重构国际贸易规则成为重要议题。

在国际贸易规则重构的过程中，电工国际标准将成为一个非常重要的抓手。根据美国商务部统计，超过80%的全球贸易受到标准化的影响，金额超过13万亿美元。国际贸易中需有各国都遵循的技术质量标准，这既是商业规则，也是社会责任的体现。这种游戏规则的制定，既有历史延续的因素，也反映主要制定者的利益诉求。目前在国际贸易规则的重构过程中，一些新的更为严厉的国际标准不断涌现，例如，在各大区域自贸协定中，强调了更严格的原产地规则、更大的知识产权保护范围、更严格的知识产权保护措施、更明确的服务业开放承诺和更明晰的数字贸易规则。同时劳工和环保条款在国际经贸规则制定中的地位也日益重要，推崇"竞争中立"原则的竞争政策等。这一态势目前正在改变既有国际贸易规则与格局，并有可能形成未来国际贸易规则的变革趋势。

4. 加强新兴产业和重点产业关键技术的国际标准研制

目前，以智能制造业、区块链、人工智能等为代表的新兴产业和关键技术迅速发展，但发达国家的技术研发和专利布局尚未完成，全球性的技术标准尚在形成中。而聚焦这些新兴产业的国际标准的制定是为了占领市场竞争的制高点，其实质是产业利益的分配和产业链的分工。

我国高度重视新兴产业和重点产业关键技术的国际标准研制工作。为贯彻落实《中国制造2025》战略文件精神，应加强新一代信息技术、高档数控机床和机器人、航空航天装备、海洋工程装备及高技术船舶、先进轨道交通装备、节能与新能源汽车、电力装备、新材料、生物医药及高性能医疗器械、农业机械装备等重点领域的国际标准研制，助推智能制造、绿色制造。设立国际标准创新重大专项，重点关注国际标准制定中的"空白点"和未来发展的"热点"，提前布局、抢占先机，从而发布一大批中国知识产权的国际标准，以中国标准走出去带动我国产品、技术、装备、服务走出去。

5. 积极推动标准数字化转型

全球化制造和数字化转型升级，对标准的形式、活动、内容和应用提出了新的挑战，要求新的标准形式能够便于标准直接在机器中进行信息传递，实现标准的机器可读、可用、可解析、可执行。标准数字化转型不仅会促进标准化工作本身的高效、透明、协同、智能，还将在推进新兴技术健康有序发展中发挥指导、规范、引领和保障的积极作用。标准数字化转型已成为国际标准化工作的热点议题及发展方向。

IEC经研究确立了关于数字化转型的愿景，IEC是以知识为基础的国际组织，为全球相关标准及合格评定活动提供数字化平台、产物、服务和过程。目前，IEC在数字化转型方面主要开展了以下几方面的工作：

（1）IEC局（IB）：MPIP目标中包含"机器可读标准"。

（2）市场战略局（MSB）：发布《语义互操作性：数字化转型时代的挑战》白皮书。

（3）标准管理局（SMB）：2020年重启SG12数字化转型战略组，工作内容包括数字化工作、机器可读标准、语义互操作、系统方法等；已建立数据库型式标准平台，可在线制定、发布、维护、下载；对部分TC开展数字化转型调研；工业自动化、电力等领域TC/SC已进行机器可读相关标准的制定。

7.2 重点关注技术领域

随着全球可持续发展战略的推进和战略性新兴产业的快速发展，电工领域国际标准化将重点关注碳达峰，碳中和，新型电力系统，标准数字化和数字标准化，智能物联及5G通信，智慧城市，人工智能等领域的技术和标准发展趋势。

7.2.1 碳达峰、碳中和

近40年来，全球气候变化导致极端天气发生的频率和强度明显增加，尤其是近几年来，各种极端气候事件频发，全球陆地、海洋，甚至北极均出现了新的极端温度，而人类活动形成的温室气体排放量的增加被普遍认为是导致全球气温升高的主要原因。在应对全球气候变化的紧迫形势下，追求绿色低碳发展成为国际社会共识，实现《巴黎协定》规定的目标任务则是大势所趋。

世界各国纷纷将科技创新视为推动绿色低碳转型的重要突破口，为此积极制定各种政策措施抢占发展制高点，标准则是绿色低碳技术推广应用的有效途径，标准化创新有利于夯实绿色低碳转型技术基础。发达国家已在碳核算、碳足迹等领域占据技术、规则主导优势，同时还在碳排放交易、碳边境调节机制等方面积极采取措施。面对日益严峻的气候危机挑战，作为世界上最大的发展中国家，我国主动推进"碳达峰、碳中和"，彰显了负责任大国的使命与担当。构建系统、全面、完善的绿色低碳标准体系，有助于保障我国高标准实现"双碳"目标；提升绿色低碳标准国际化水平，有助于推动我国更高水平、更深层次地参与气候治理的国际合作。

目前，绿色低碳标准已成为国际标准热点和焦点领域，ISO、IEC等标准组织积极推动制定绿色低碳标准以应对气候变化。IEC成立了IEC标准化管理局能效咨询委员会IEC/SMB/ACEE，帮助协调电力电子产品能效优化相关领域IEC不同的技术委员会之间的活动。在新能源和可再生能源领域，IEC/TC 88主要负责风力发电相关标准化工作，包括风力涡轮机、陆上和海上风力发电厂，及其与电力系统的相互作用，已发布标准42项，在编标准30余项。IEC下设电工电子产品与系统的环境标准化技术委员会TC 111，中国作为成员参与工作，其中涉及温室气体排放的相关标准2项。此外，IEC TC 100/TA 19-多媒体系统和设备的环境和能源工作组也发布了温室气体排放相关标准。

IEC还在其标准管理局成立了电气产品碳足迹评估特别工作组,在其市场战略局成立碳足迹认证工作组,分别开展碳核算的国际标准研究制定工作。目前正在开展的有IEC智慧城市系统低碳指标评估方法研究和SC21A锂电池碳足迹核算标准制定。

IEC市场战略局的碳足迹认证工作组成立了两个团队,其中:政策团队的任务是研究工业和社会对建立碳足迹认证体系的影响;技术团队的任务是确定IEC的MSB、CAB和SMB现有的和计划的碳足迹相关工作,并明确建立认证工作组所需的内部程序。

我国相关研究机构也在持续开展能源领域和其他重点行业、重点区域"碳达峰、碳中和"实施路径研究,开展碳排放监测与核算、碳减排技术、碳足迹评价、碳市场等领域的技术及国际标准化研究。

> **标准研究案例:智慧城市低碳评价指标**
>
> 低碳化作为智慧城市的一个重要特征,为城市的可持续发展提供了动力,因此智慧城市的低碳评价标准需求迎来了重要契机。IEC标准管理局(MSB)设立了ahG13特别工作组(智慧城市低碳评估),旨在从电工技术角度评估智慧城市的碳排放,确定研发通用框架及处理工具所需的工作范围,为IEC智慧城市低碳评估标准化方向提供发展建议。ahG13工作组的任务包括以下内容:开展高水平的技术应用场景和标准缺失分析,衡量指标和评估框架的作用;为一个或多个预工作项目(PWI)或新工作项目提案(NWIP)确定其工作范围;为顺利推进研究工作,特别工作组将与国际标准组织中相关技术委员会及工作组开展合作。

7.2.2 新型电力系统

全球能源消费产生的二氧化碳排放中,电力行业产生的碳排放总量占比在40%以上,因此电力部门脱碳或降低碳强度是减少这些温室气体排放的关键组成部分。由此可见,电力行业的碳达峰、碳中和进度将直接影响世界主要经济体和我国"双碳"目标实现的进程。构建以新能源为主体的新型电力系统,确保新能源的最大化消纳,实现多能互补与智能互动,支撑全社会高度电气化是实现全球清洁低碳安全高效能源体系的必要手段,也是实现双碳目标的重要支撑。

然而,要想实现上述目标还有很长的路要走。目前世界上仍有大约60%的发电量来自排放温室气体的化石燃料发电。国际能源署（IEA）在谋划能源部门脱碳挑战时指出，到 2040 年，全球电力系统将需要实现净零排放，而实现这一目标将涉及全球能源系统的彻底转型。因此，向零碳电力系统的过渡是 IEC 和电力行业面临的重大挑战之一。

为了确保能源系统、平台、设备和市场能够过渡并在零碳电力系统中有效运行，标准将发挥关键作用，从而确保互操作性，保证最低水平的性能和安全性，并指导向以新能源为主体的电力系统的过渡技术和运营制度。虽然目前已存在一系列与零碳愿景相关的标准，但为确保系统以可靠、高效和有弹性的方式运行，零碳电力系统还需要更广泛的新标准，涵盖新技术标准（如海上风力发电）、促进未来电力系统中发电与需求之间更紧密集成的标准等。这些标准不仅必须支持电力系统本身的集成，还必须支持电力系统与能源消费者和电力系统能源服务的外部供应商之间的相互作用。鉴于零碳电力系统的巨大复杂性，以及环境、安全和健康等要求，需要采取系统方法形成系统性标准。

（1）在促进电力系统互连、集成和互操作性方面，目前 IEC 已有 TC 8、SC 8A、SC 8B、SC 8C、TC 13、TC 120 等相关技术标准委员会并发布了系列标准。

目前日益兴起的电动汽车对电力系统提出了更高的要求，在理想情况下，电动汽车的充电行为将与电力系统运行相协调，因此在配网双向车网交互领域需要新的标准来规范这些行为。

另外，燃气发电厂的显著增多加剧了电力和燃气系统之间的相互依赖性。这两个系统操作起来都很复杂，并且一个系统的中断会对另一个系统产生重大影响。因此，整合和协同这两个系统的运行将是高占比天然气电力系统的关键。IEC 系统委员会 Smart Energy 已开始着手应对这一日益严峻的挑战，正考虑编制相应的标准来协调这些系统的相互作用和相互依赖。

（2）发电技术标准方面，存在范围广泛的非常详细的标准，涵盖电力系统中的发电技术，包括 TC 2、TC 4、TC 5、TC 21、TC 45、TC 47/WG 7、TC 69、TC 82、TC 88、TC 105、TC 114、TC 117、TC 120 等相关技术标准委员会及其发布的系列标准。

然而在海上风电领域仍存在新的标准需求。虽然陆上风电行业相对成熟，TC88 也发布了关于风能发电系统的诸多标准，但海上风电行业需要许多不同的新实践和技术，例如：海上风电在线监测和通信技术，可以保障陆上维护和运营人员与海上基础设施之间的通信，相对应的标准可能包括在线监控传感器、警报和故障报告方法以及后端操作软件；海上风电通信和控制技术可以使离岸距离达到数十公里的海上风力涡轮机通过直流或交流方式连接到陆地上的电力系统，并实现与陆基电力系统操作的交互、频率和电压管理、故障响应等功能，因此需要海上通信和控制系统方面的新标准。

（3）输电技术标准方面，现有的相关 IEC 技术委员会包括 TC 20、TC 90、TC 115、TC 122、SyC LVDC，已发布了系列标准。

新的标准需求来自低频电力传输、直接连接发电机的高压直流电力系统、超导电缆等领域。

——电力系统技术中一个备受关注的新领域是低频或分频交流（LFAC）传输系统。在此类电力系统中，频率为 16Hz 等，而不是交流电传输中更典型的 50Hz 或 60Hz，在如此低的频率下运行可以最大限度地减少与频率相关的损耗，这对于位于海上长距离（180 千米以上）的海上风电场特别有用。目前，低频输电相关设备仍在研发中，现场应用的可靠性还有待确定。因此，必须尽快制定相关标准，缩小技术差距。

——随着远程可再生能源发电机的传输距离的增加，灵活的直流传输技术作为减少与交流传输相关的损耗的一种方式引起了人们的极大兴趣。发电机发直流电并直接连接到直流电力系统的高压直流输电技术将发挥关键作用，但该领域的相关标准尚处空白。因此有必要制定相关标准，涵盖方法、测试项目和直接连接发电机的 HVDC 系统的要求，规范系统调试、测试和运行。

——现有的超导电缆标准 IEC 63075：2019 主要涉及电缆的测试。超导电缆与常规电缆在牵引力、侧压、弯曲半径等方面存在一定的差异，敷设过程比常规电缆复杂，敷设不好会影响超导电缆的冷却。超导电缆的短路电流特性差异也较大，影响保护系统设计。鉴于这些差异，并且超导电缆技术已逐步进入试验示范和商业运营阶段，亟须制定相关的新标准。

7.2.3　标准数字化和数字标准化

IEC 新战略规划有效推动了全球工业数字转型。IEC 以优质的国际标准服务保障了数字化技术的兼容性和互操作性，进而推动制造业数字转型，帮助制造商以更加高效、安全、可持续的方式优化产品服务，推动工业 4.0 技术安全、有序、稳定地进步。IEC 标准化管理局成立了智能制造系统委员会，专门负责协调推进 IEC 和其他标准化组织的相关活动。IEC 和 ISO 在其联合技术委员会中的合作夯实了数字化技术的标准化基础，提升了数字化技术的安全水平，加快了工业技术发展的步伐。

IEC 还将"数字化"理念引申到标准化领域，提出了"标准数字化"的概念。传统的标准以人员为使用对象、以人员阅读为目标，而全球化制造和数字化转型升级对标准的形式、内容和应用提出了新的需求，例如将机器作为标准的直接使用对象。标准数字化转型不仅促进标准化工作本身的高效、透明、协同、智能,还将在推进新兴技术健康有序发展中发挥指导、规范和保障的积极作用,已成为国际标准组织的热点议题及未来的发展方向。

7.2.4 智慧城市

城市发展正面临着前所未有的挑战。城市化速度呈指数级增长,平均每天的人口迁徙和生育给城市地区带来近2万的人口增长。2011—2050年,全世界城市人口预计将增长72%(即从36亿人增长至63亿人),城市人口占总人口比重将由52%上升至67%。此外,气候变化和其他环境压力也要求城市变得更加"智能",并通过实质性举措,实现社会责任和法定义务提出的严格目标。

与此同时,人口和产业流动性增强,加剧了不同城市之间在吸引技术移民、企业和研究机构方面的竞争。为了促进城市繁荣发展,必须实现城市经济、社会和环境的可持续发展,而其唯一途径是统筹基础设施和服务来提高城市运行效率。尽管当前适用于智慧城市建设的技术发展迅速,但要真正实现城市发展方式转型,还需要对现有城市运转方式的彻底革新。

因此,建设智慧城市并不只是简单地由技术供应方提供技术解决方案,城市管理部门加以采纳的过程,还需要为高效地采纳和实施智能解决方案营造一个适宜的环境。智慧城市的建设离不开各利益相关方的参与和投入,需要他们建言献策、各显所长,公共部门的管理固然关键,但私营部门和社区市民的参与也同样重要,并且要注意妥善平衡各方利益,才能同时实现城市和社区的目标。

IEC将持续关注智慧城市解决方案的设计、实施、互操作和多系统整合等方面的标准化研究。

7.2.5 未来可持续发展交通

电动汽车具备显著的节能减排和环保优势,推广应用电动汽车对减缓环境污染和解决石油危机,保障国家能源安全,实现社会经济可持续发展具有重要意义。美国、欧洲和日本等发达国家或地区纷纷制定了自己的电动汽车产业政策,推动电动汽车产业化发展。我国持续多年力推电动汽车产业化发展,目前产业规模已处于世界领先水平,与电动汽车高度相关的关键技术如电池技术、电动机技术、电驱动控制技术、整车技术和

BMS 技术等也处于世界领先水平。同时，我国专家积极牵头和参与电动汽车和充换电设施国际标准的研制。

我国未来电动汽车国际标准化方向包括超级充电技术、电池更换技术、互联互通技术等，积极参与热点技术方向，跟踪国外在无线充电、大功率充电、信息交互等方面的最新动向，同时协调国内电缆、电气、汽车等相关标准委员会，在整个产业链上成立联合舰队，在技术和标准方面互通有无，协同工作，共同推进国际标准化工作。

7.2.6 人工智能

人工智能（AI）正在不断进军人类领域：机器人成为制造业的工人；数字助理自动化办公任务；智能电器根据主人的喜好订购食物，或控制家中的照明和温度，为他们的到来做准备，等等。越来越复杂的算法有可能帮助解决人类面临的一些挑战。当然，人工智能技术还带来了许多风险和威胁，企业、政府和政策制定者需要仔细了解和冷静应对。人工智能应用正在推动一系列不同行业的数字化转型，包括能源、医疗保健、智能制造、交通和其他依赖 IEC 标准和符合性评估的战略部门。

从工业角度来看，当前的电工标准化文件更多地讨论了智能家居、智能制造、智能交通/自动驾驶汽车以及能源领域。它涵盖了当前的技术能力，并详细描述了人工智能必须在国际层面解决的与安全、安保、隐私、信任和道德相关的一些现有和未来的主要挑战。人工智能将成为许多不同行业的核心技术之一，标准化将在推动其进一步发展方面发挥关键作用。

IEC 将持续关注人工智能在电力、交通、智能制造等领域的技术应用，开展相关市场和技术发展趋势研究，推动"智慧"标准的制定和应用，共同打造未来"智慧"世界。

本章知识要点

（1）电工国际标准化的重要意义和作用。

（2）"双碳"背景下电工国际标准化聚焦的新兴战略领域以及拟谋划的相关标准。

（3）中国企业参与新兴领域标准化工作的方式。

📝 思考题

(1) IEC 风力发电领域的技术委员会是( )

    A. TC 120   B. TC 88   C. TC 8   D. TC 117

(2) 电工领域国际标准化将重点关注的领域包括(多选题)( )

    A. 碳达峰、碳中和   B. 再电气化

    C. 新型电力系统   D. 数字化转型

[参考答案]

1. B 2. ABCD

📝 本章参考文献与资料

[1] 提高国际标准化水平 增加全球治理话语权[2016.7.11]. https://www.cqn.com.cn/zgzlb/content/2016-07/11/content_3133514.htm.

[2] 国际标准制衡全球贸易规则？ https://mp.weixin.qq.com/s?__biz=MzkwMDIzOTI5OQ==&mid=2247500954&idx=2&sn=0423024a17a07d9961b488271bb28f05&chksm=c0459e36f732172019f64c080b49e43607598ed1a7ec085171113a448ffb4a65ea5fcc71db97&scene=27.

一、缩　略　语

（一）标准制定修订程序方面

NWIP/NP	新工作项目提案	New Work Item Proposal
AWI	已批准的工作项目	Approved Work Item
PWI	预工作项目	Pre-Work Item
WD	工作草案	Work Draft
CD	委员会草案	Committee Draft
DIS	国际标准草案	Draft International Standard
CDV	委员会投票草案	Committee Draftfor Vote
FDIS	国际标准最终草案	Final Draft International Standard
IS	正式发行版国际标准	International Standard
FTP	快速程序	Fast Track Procedure
VR	意见汇总表	Voting Report

（二）文件类型方面

TS	技术规范	Technical Specification
TR	技术报告	Technical Report
TRF	技术报告格式	Technical Report Form
PAS	可公开获得的规范	Publicly Available Specification

WP	白皮书	White Paper
CA	符合性评估	Conformity Assessment
CS	组件规格	Component Specification
OD	运作文件	Operational Document
TRF	测试报告格式	Test Report Form

(三)技术委员会方面

TC	技术委员会	Technical Committee
SC	分技术委员会	Subcommittee
PC	项目委员会	Project Committee
WG	工作组	Working Group
PT	项目组	Project Team
MT	维护组	Maintain Team
SR	复审	System Review
P-member	积极成员	Participating Member
O-member	观察员	Observer

(四)IEC特有标准方面

(1)CMV 评论版(Commented Version),文本中用批注形式显示业内专家的评论;

(2)EXV 扩展版(Extended Version),包含与此标准相关的所有一般规定;

(3)OC 在线合集(Online Collection),可以在线订阅以及时获得最新更新;

(4)PRV 预发布版(Pre-Release Version),尚未正式发布,仅供工作组内使用的版本;

(5)RLV 红线版(Redline Version),在老标准的内容基础上以修订红线模式标注新标准修改的内容;

(6)CSV 合订版(Consolidated Version),含有此标准所有增订、勘误;

(7)SER 系列标准(Series),包含该系列标准的所有部分。

通常标准号是由标准组织代码+流水号+年代号组成的。有的标准号形式不一样,例如该是数字的地方出现了英文字母,或是标准组织代码处多出了一些英文字母,这些特殊情况的说明如下:

标准组织代码处多出了一些英文字母,例如 ASTM D 94-07,这里的 ASTM 代表美国材料与测试学会的缩写,94 是流水号,07 是年代号(2007 年)。这里的 D 代表标准分类,属于其他各种材料类。

(五)IEC 文件类型助记符号方面

AC　行政通报 Administrative Circular

CC　对 CD 评论意见的汇总 Compilation of Comments on CD

CD　委员会草案 Committee Draft for Comments

CDV　用于投票的委员会草案 Committed Draft for Vote

CL　分发公报 Circular Letter

DA　议程草案 Draft Agenda

DC　评论用文件 Document for Comments

DIS　国际标准草案 Draft International Standard

DL　决议 Decision List

DTS　技术规范草案 Draft Technical Specification

DTR　技术报告草案 Draft Technical Report

DV　用于投票的草案(仅适用于 C/SMB)Draft for Voting(C/SMB only)

FDIS　最终的国际标准草案 Final Draft International Standard

FMV　四月投票(仅适用于 IECQ CMC)Four Months' Vote (IECQ CMC only)

INF　参考文件 Document for Information

ISH　解释单 Interpretation Sheet

MCR　维护周期报告 Maintenance Cycle Report

MT　维护组名单 Maintenance Team List

MTG　会议文件 Meeting Document

NCC　国家委员会评论意见(仅适用于 C/SMB)National Committee Comment(C/SMB only)

NCP　国家委员会提案 National Committee Proposal

NWIP　新工作项目提案 New Work Item Proposal

PAS　可公开提供的技术规范 Publicly Available Specification

PW　工作计划 Programme of Work

Q　问卷调查表 Questionnaire

QP　重要问题(仅用于 SMB)Question of Principle(SMB only)

R　　　报告 Report

RSMB　给 SMB 的报告 Report to Standardization Management Board

RM　　会议报告 Report on Meeting

RQ　　问卷调查报告 Report on Questionnaire

RV　　表决报告（仅用于 C/SMB）Report of Voting（C/SMB only）

RVC　　对 CDV 表决报告 Report of Voting on CDV，DTS or DTR

RVD　　对 DFIS 或 PAS 表决报告 Report of Voting on FDIS or PAS

RVN　　对 NWP 表决报告 Report of Voting on NWP

RVP　　临时规范草案表决报告 Report of Voting on Draft Provisional Specification

RVS　　临时规范草案表决报告 Report of Voting on Draft Provisional Specification

SPS　　战略政策声明 Strategy Policy Statement

（六）与标准制定相关的表格

表 NTC　　技术活动新领域提案 Proposal for a New Field of Technical Activity

表 VTC　　技术活动新领域提案的表决 Vote on Proposal for a New Field of Technical Activity

表 NSC　　成立分技术委员会的决议 Decision to Establish a Subcommittee

表 NP　　新工作项目提案 New Work Item Proposal

表 RVN　　新工作项目提案的表决结果 Result of Voting on New Work Item Proposal

表 CD　　委员会草案封面 Cover Page of Committee Draft

表 CDV　　表决用委员会草案封面 Cover Page of Committee Draft for Vote

表 CC　　委员会草案的意见汇总 Compilation of Comments on Committee Draft

表 RVC　　对表决用委员会草案的表决结果 Result of Voting on CDV，DTS or DTS

表 CTS　　评论意见汇总的附录 Annex for Compilation of Comments

表 FDIS　　最终国际标准草案封面 Cover Page of Final Draft International Standard

表 RVDIEC/FDIS 的表决报告 Report of Voting on lEC/FDIS

表 DTS　　技术规范草案封面 Cover Page of Draft Technical Specification

表 DPAS　　可公开可提供的技术规范草案封面 Cover Page of Draft Publicly Available Specification

表 DTR　　技术报告草案封面 Cover Page of Draft Technical Report

表 MCR　　维护周期报告 Maintenance Cycle Report

表 RSMB 给 SMB 的报告 Report to the Standardization Management Board
表 SPS　　战略政策声明 Strategic Policy Statement

(七)标准采用方面

MOD　　修改采用 Modified
IDT　　等同采用 Identical
NEQ　　非等效采用 Nonequivalent

(八)IEC 组织架构相关缩写

GA　　　全体大会 General Assembly
IB IEC　　局 IEC Board
MSB　　市场战略局 Market Strategy Board
SMB　　标准化管理局 Standardization Management Board
CAB　　合格评定局 Conformity Assessment Board
PresCom　主席委员会 President's Committee
BAC　　商业咨询委员会 Business Advisory Committee
DAC　　多元化咨询委员会 Diversity Advisory Committee
IF IEC　　成员论坛 IEC Forum
GRAC　　治理审查与审计委员会 Governance Review and Audit Committee
SEC IEC　秘书处 Secretariat

二、IEC 国家委员会名称一览表

IEC 共有 89 个成员(不含联络成员),其机构名称如下:

序号	国家/地区	机构名称(外文)	机构名称(中文)	
1	Albania	Albanian General Directorate of Standardization(DPS)	阿尔巴尼亚标准化局	
2	Algeria	Institut Algérien de Normalisation (IANOR)	阿尔及利亚标准化协会	

续表

序号	国家/地区	机构名称(外文)	机构名称(中文)
3	Argentina	Comité Electrotécnico Argentino(CEA)	阿根廷电工委员会
4	Australia	Standards Australia(SA)	澳大利亚标准协会
5	Austria	Austrian Electrotechnical Committee/Oesterreichischer Verband für Elektrotechnik (OVE)	奥地利电工委员会/奥地利电工协会
6	Bahrain	Bahrain Standards&Metrology Directorate (BSMD)	巴林标准计量局
7	Bangladesh	Bangladesh Standards and Testing Institution (BSTI)	孟加拉标准与测试协会
8	Belarus	The State Committee for Standardization of the Republic of Belarus(BELST)	白俄罗斯国家标准化委员会
9	Belgium	Comiti Electrotechnique Belge(CEB)	比利时电工委员会
10	Bosnia&Herzegovina	Institute for Standardization of Bosnia and Herzegovina(ISBIH)	波黑标准化协会
11	Brazil	Brazilian Committee of Electricity Electronics, Lighting and Telecommunications (COBEI)	巴西电气、电子、照明与电信委员会
12	Bulgaria	Bulgarian Institute for Standardization (BDS)	保加利亚标准化协会
13	Canada	Standards Council of Canada(SCC)	加拿大标准理事会
14	Chile	Corporacion Chilena de Normalizacion Electrotecnica(CORNELEC)	智利电工标准化协会
15	China	Standardization Administration of China (SAC)	中国国家标准化管理委员会
16	Colombia	Instituto Colombiano de Normas Técnicasy Certificacion(ICONTEC)	哥伦比亚技术标准与认证协会
17	CôteD'Ivoire	CôteD'Ivoire Normalisation(CODINORM)	科特迪瓦标准化局
18	Croatia	Croatian Standards Institute(HZN)	克罗地亚标准协会
19	Cyprus	Cyprus Organization for Standardization (CYS)	塞浦路斯标准化组织

续表

序号	国家/地区	机构名称(外文)	机构名称(中文)
20	Czech Republic	Czech Office for Standards, Metrology and Testing(UNMZ)	捷克标准计量和测试办公室
21	Denmark	Danish Standards(DS)	丹麦标准协会
22	Egypt	Ministry of Electricity&Energy(MOERE)	埃及电力与能源部
23	Estonia	Estonian Centre for Standardization(EVS)	爱沙尼亚标准化中心
24	Ethiopia	Ethiopian Standards Agency(ESA)	埃塞俄比亚标准署
25	Finland	SESKO Electrotechnical Standardization in Finland(SESKO)	芬兰电工标准化协会
26	France	AFNOR-Comité Electrotechnique Français(AFNOR)	法国电工委员会
27	Georgia	Georgian National Agency for Standards and Metrology(GEOSTM)	格鲁吉亚标准与计量署
28	Germany	Deutsche Kommission Elektrotechnik Elektronik Informationstechnik im DIN &VDE(DKE)	德国电工委员会
29	Ghana	Ghana Standards Authority(GSA)	加纳标准管理局
30	Greece	National Quality Infrastructure System-Autonomous Operational Unit for Standardization(NQIS/ELOT)	希腊标准化组织
31	Hungary	Hungarian Standards Institution(MSZT)	匈牙利标准协会
32	Iceland	Icelandic Standards(IST)	冰岛标准协会
33	India	Bureau of Indian Standards(BIS)	印度标准局
34	Indonesia	National Standardization Agency of Indonesia(BSN)	印度尼西亚标准化署
35	Iran	Institute of Standards&Industrial Research of Iran(ISIRI)	伊朗标准与工业研究协会
36	Iraq	Iraqi Electrotechnical Committee(IQC)	伊拉克电工委员会
37	Ireland	National Standards Authority of Ireland(NSAI)	爱尔兰国家标准管理局
38	Israel	Standards Institution of Israel(SII)	以色列标准协会

续表

序号	国家/地区	机构名称(外文)	机构名称(中文)
39	Italy	Comitato Elettrotechnico Italiano (CEI-NORME)	意大利电工委员会
40	Japan	Japanese Industrial Standards Committee (JISC)	日本工业标准调查会
41	Jordan	Jordan Standards and Metrology Organization (JSMO)	约旦标准计量组织
42	Kazakhstan	Technical Regulation and Metrology Committee (KAZMEMST)	哈萨克斯坦技术法规与计量委员会
43	Kenya	Kenya Bureau of Standards(KEBS)	肯尼亚标准局
44	Korea, Republic of	Korean Agency for Technology and Standards (KATS)	韩国技术标准署
45	Kuwait	Kuwait National Committee for Electrical & Electronics(KNCEE)	科威特国家电工委员会
46	Latvia	Latvian Standard Ltd. (LVS)	拉脱维亚标准有限公司
47	Lithuania	Lithuanian Standards Board(LST)	立陶宛标准局
48	Luxembourg	Organisme Luxembourgeois de Normalisation (ILNAS)	卢森堡标准化组织
49	Malaysia	Department of Standards Malaysia(DSM)	马来西亚标准部
50	Malta	Standards and Metrology Institute, Malta Competition and Consumer Affairs Authority	马耳他竞争和消费者事务管理局标准计量协会
51	Mexico	Comité Electrotécnico Mexicano(CEM)	墨西哥电工委员会
52	Moldova	Moldovan Electrotechnical Committee (ISM)	摩尔多瓦电工委员会
53	Montenegro	Institut za Standardizaciju Crne Gore (ISME)	黑山标准化局
54	Morocco	Ministère de l'Industrie, du Commerce et des Nouvelles Technologies, Direction de la Qualité et la Surveillance du Marché (COMELEC)	摩洛哥工业贸易和新技术部质量和市场监管局
55	Netherlands	Netherlands Electrotechnical Committee (NEC)	荷兰电工委员会

续表

序号	国家/地区	机构名称(外文)	机构名称(中文)
56	New Zealand	Standards New Zealand(NZSO)	新西兰标准协会
57	Nigeria	Standards Organisation of Nigeria(SON)	尼日利亚标准组织
58	North Macedonia	Standardization Institute of the Republic of North Macedonia(ISRSM)	北马其顿共和国标准化协会
59	Norway	Norsk Elektroteknisk Komite(NEK)	挪威电工委员会
60	Oman	IEC National Committee of Oman	阿曼电工委员会
61	Pakistan	Pakistan Standards and Quality Control Authority(PSQCA)	巴基斯坦标准与质量控制局
62	Peru	National Institute of Quality(INACAL)	秘鲁国家质量协会
63	Philippines	Bureau of Philippine Standards(BPS)	菲律宾标准局
64	Poland	Polish Committee for Standardization(PKN)	波兰标准化委员会
65	Portugal	Instituto Portugues da Qualidade(IPQ)	葡萄牙质量协会
66	Qatar	Qatar Standards(QS)	卡塔尔标准组织
67	Romania	Romanian Standards Association(ASRO)	罗马尼亚标准协会
68	Russian Federation	Federal Agency on Technical Regulating and Metrology(GOST R)	俄罗斯联邦技术法规与计量署
69	SaudiArabia	Saudi Standards, Metrology and Quality Organization(SASO)	沙特标准、计量和质量组织
70	Serbia	Institute for Standardization of Serbia(ISS)	塞尔维亚标准化协会
71	Singapore	Singapore Standards Council, Enterprise Singapore(SSC)	新加坡标准理事会
72	Slovakia	Slovak Electrotechnical Committee(SEV)	斯洛伐克电工委员会
73	Slovenia	Slovenian Institute for Standardization(SIST)	斯洛文尼亚标准化协会
74	South Africa	South African Bureau of Standards(SABS)	南非标准局
75	Spain	Asociación Española de Normalización(UNE)	西班牙标准化协会
76	SriLanka	National Electrotechnical Committee of Sri Lanka(NECSL)/Sri Lanka Standards Institution(SLSI)	斯里兰卡国家电工委员会/斯里兰卡标准协会

附　录

续表

序号	国家/地区	机构名称(外文)	机构名称(中文)	
77	Sweden	Svensk Elstandard(SEK)	瑞典电工委员会	
78	Switzerland	Swiss Electrotechnical Committee(CES)	瑞士电工委员会	
79	Thailand	Thai Industrial Standards Institute(TISI)	泰国工业标准协会	
80	Tunisia	Institut National de la Normalisation et de la Propriété Industrielle (INNORPI)	突尼斯国家委员会 国家标准化研究院工业产权局	新增
81	Türkiye	Türk Standardlari Enstitüsü(TSE)	土耳其标准协会	新增
82	Uganda	Uganda National Bureau of Standards (UNBS)	乌干达国家标准局	新增
83	Ukraine	Ukrainian National Electrotechnical Committee (UkrNEC)	乌克兰国家电工委员会	新增
84	United Arab Emirates	Emirates National Committee for IEC (AENC-IEC)	阿联酋国家IEC委员会	新增
85	United Kingdom	British Standards Institution (BSI)	英国标准协会	新增
86	United States of America	American National Standards Institute (ANSI)	美国国家标准学会	新增
87	Uruguay	Instituto Uruguayo de Normas Tecnicas (UNIT)	乌拉圭技术标准协会	新增
88	Uzbekistan	Uzbek Agency for Technical Regulation under the Cabinet of Ministers of the Republic of Uzbekistan	乌兹别克斯坦共和国内阁技术监管局	新增
89	Vietnam	Commission for the Standards, Metrology and Quality of Vietnam (STAMEQ)	越南标准、计量和质量委员会	新增